經營顧問叢書 ㉙

業績倍增的銷售技巧

邱永元　編著

憲業企管顧問有限公司　　發行

《業績倍增的銷售技巧》
序　言

　　推銷是一門技術，也是一門藝術，更是一個充滿挑戰、充滿艱辛、更蘊含著極大成功的職業，世界上 80% 的富翁都曾經是一名推銷員，推銷員作為一種職業，既能充分發揮個人能力，又能充分實現個人價值。

　　做一名推銷高手，若能躋身於身價千萬、輕鬆開展各種各樣業務的冠軍推銷員之列，是每一位推銷員都夢寐以求的目標，然而 95% 的推銷員註定只能是平庸者，不分寒暑、頂風冒雨地穿梭在大街小巷，卻收入微薄；而只有 5% 的人能成為推銷冠軍，成為高收入者。**為什麼同是推銷員卻有這麼大的差異呢？差別關鍵在於推銷技巧、推銷方法、推銷心態。**

　　帶著強烈的渴望、充滿著自信，銷售員一次次鼓起勇氣，敲響客戶的大門，充滿激情地活躍在與客戶的每一次溝通、介紹，一次又一次的遭受挫折，原因就在於，想要銷售成功，除了激情、勇氣和渴望，還需要更多的知識和技巧。

1

成功業務員的重要品質，是堅忍不拔、充滿自信、渴望成功、永不服輸，要銷售成功，僅僅有強烈渴望是遠遠不夠的，無論如何，實現成交不能只靠運氣，要有不怕拒絕的勇氣、真誠的態度以及合理技巧，尤其是，你要有高明的推銷技巧，要有令客戶無法拒絕的成交技巧，從而實現更大的成交量。

　　本書從推銷方式、成交技巧、客戶為何拒絕等方面，為推銷員全方位的指導，配合實例解說，通過這些指導步驟，推銷員可以瞭解複雜商業行為背後的真相，一步步走向成功。

　　成功業務員的每個行動，都指向了直接的目標，那就是要成交！本書舉出 40 個銷售技巧，每一個行動都指向成交理論與實務配合，更附上實例說明，容易吸收與理解，閱讀本書，你的銷售技巧更高明，銷售業績必更突出！

2014 年 5 月

《業績倍增的銷售技巧》
目　錄

你是想要成功，還是一定要成功

要成功，你必須要有強烈的成功慾望，一個頂尖的推銷員最優秀的素質就是要有強烈的成交慾望。

作為一個推銷員，你認為是賺一萬容易，還是一百萬容易？答案是一百萬。在美國，有一個賣汽車的推銷員總是在他們公司銷售成績排名第一，有人問他：「你為什麼總是第一名？」他回答說：「因為我每個月都設法比第二名多賣一台車子。」這麼簡單的一個方法，這樣簡單的一句回答告訴了我們一個簡單的成功道理——永遠比第一名還要更努力。

一、你為什麼不是第一名

1964 年的一天，剛剛從海軍學院畢業的吉米・卡特遇到了當時的海軍上將里・科弗將軍。將軍讓他隨便說幾件自認為比較得意的事情。於是，躊躇滿志的吉米・卡特得意洋洋地談起自己在海軍學院畢業時的成績：「在全校 820 名畢業生中，我名列第 58 名。」他滿以為將軍聽了會誇獎他，孰料，里・科弗將軍不但沒有，反而問道：「你為什麼不是第一名？你盡自己最大努力了嗎？」這句話使吉米・卡特驚愕不已，答不上話來，但

他卻牢牢記住了將軍這句話，並將它作為座右銘，時時激勵和告誡自己要不斷進取，永不自滿和鬆懈，盡最大努力做好每一件事。最後，他以自己堅韌不拔的毅力和永遠進取的精神登上了權力頂峰，他成了美國第 39 任總統。卸任後，吉米‧卡特在撰寫自己的傳記時，便將這句話作為標題《你盡最大努力了嗎？》

吉米‧卡特的故事，或多或少會給大家一些啟迪。人們往往對第一的印象深刻，對第二、第三卻沒有興趣。我們能記住世界上最高的山峰，但對第二高的山峰卻印象淡薄。

全世界最偉大的籃球運動員邁克爾‧喬丹在率領公牛隊獲得兩次三連冠後，毅然決定退出籃壇，因為他已經得到世界籃球運動史上最多的個人光榮紀錄與團隊紀錄，甚至是 20 世紀最偉大的體壇運動員。

在退休後，他說：「我成功了！因為我比任何人都努力。」

喬丹不只比任何人都努力，在他已經處於最頂尖的時候，他還激勵自己更努力，要不斷突破自己的極限與紀錄。

在公牛隊練球的時候，他的練習時間比任何人都長。據說他除了睡覺時間之外，每天只休息兩個小時，剩下時間全部練球。

我們時常看到有的籃球運動員在罰球的時候投不進球，於是，對手就不斷運用策略在他身上犯規，如果他每天也像喬丹一樣只休息兩個小時，其餘時間全部站在罰球線練球增加自己的準確度，這樣持續一年下來，他罰球的能力一定會提高。

銷售活動極像體育比賽，參與者都在奪一個球，希望最先達到終點，都渴望成為最終的贏家。而贏家——冠軍只有一個，比賽是

殘酷無情的。如果說技能是奪冠的基礎，那麼在勢均力敵的情況下，無數體育明星奪冠的例子無疑昭示了一點——奪得冠軍的最重要因素是心態。

大部分銷售人員總是對銷售技巧的提高特別有興致。然而，一個銷售人員所產生的問題當中，有 80%是來自於自我心態的問題，即使解決了銷售技巧的欠缺也只是治標不治本的方法。要訓練出一個王牌銷售人員，最重要的是如何能夠使他建立正確的銷售心態，否則便是「皮之不存，毛將附焉」了。

二、你是想成功，還是一定要成功

有一個日化清潔用品公司的王牌銷售員，他曾說，在他成為王牌銷售的那幾年，時常因為心態的調整而痛苦著。王牌銷售都是如此，可見銷售人員心態的調整，確是一件非常不容易的事。

他還說，最開始他的夢想是擁有一輛賓士汽車，這並非是可望而不可及的理想。於是為了天天刺激自己，他在床頭以及辦公室的電腦螢幕邊貼上一張賓士車的照片，用來激勵自己。對著他的賓士車，他每天將自己的目標細化出來，逐個來對付它們。當然，最後他沒有買賓士車，卻在加拿大買了一套豪華的別墅。

將你自己的夢想貼出來，形成強烈的視覺刺激，從而鼓勵自己的信念，時刻提醒自己堅持就是勝利，這是高手們常用的策略。人的內在積極性如同鐳射的原理，需要反復頻繁的刺激，才能激發出耀眼的光芒來。

在公司內你可能是一位平凡的推銷員，成績始終維持中等程

度，和頂尖優秀的推銷員相比，你的業績不及對方的一半。你也許因此認為，憑自己的能力是絕不可能拉近這兩倍的業績距離的。

但請你仔細想一下，業績多你兩倍的推銷員，比起你 8 小時工作時間。他工作了 16 小時嗎？當然那是不可能的。在顧客訪問中你一天 10 次，他也不過多了你一次而已。而你用了 10 個小時的心思於工作上的同時。他也只不過多用了 1 個小時。

諸如此類，像這樣只要再稍加努力便可得到非凡的成果。但是多數人，卻在自我滿足後便停滯不前了。其實只要再進一步稍加努力，你便可由庸俗的世界升到超脫的世界，你的身價便會加速地飛升。

三、想到就要做到

每位推銷員都希望自己能成為最優秀的推銷員，為了實現這個目標，他們制訂了週密的計畫，研究了很多推銷的技巧，可到最後仍舊是一個平庸的推銷員。因為他們總是想得太多，做得太少，如果能行動起來，那麼或許他們也可以成功。

克萊恩是個保險推銷員，他非常喜歡打獵和釣魚，但這些愛好太花時間，對一個忙碌的推銷員來說有點奢侈。有一天，當他好不容易擠出時間來匆匆釣了幾條魚後準備打道回府時突發奇想:「在這荒山野嶺裏會不會也有居民需要保險？要是有的話不就可以工作的同時又能在戶外逍遙了？」結果他發現果真有這種人：他們是鐵路沿線的鐵路工作人員、住戶和淘金者。克萊恩當天就開始了積極行動。

克萊恩沿著鐵路走了好幾趟，那裏的人都叫他「走路的克萊恩」，他成為那裏與世隔絕的家庭中最受歡迎的人，不但如此，他自己也是在這段時間才學會了烹飪手藝，也使他變成了最受歡迎的貴客。而與此同時，他也能夠徜徉於山野之間、打獵、釣魚，像他自己所希望的那樣生活。

在保險業裏，對於一年賣出 100 萬美元以上的人設有光榮的特別頭銜，叫作「百萬圓桌」。把突發的一念付諸實行以後，克萊恩一年之內就做成了超過百萬美元的生意，因而贏得了「圓桌」上的一席地位。

要想成為一名出色的推銷員，整天在辦公室中想著要如何開拓客戶、如何說服他們、如何成交是沒有用的，這無異於白日做夢，要想成功，必須採取行動。

推銷員成功的關鍵在於行動。因為只有認真行動才能夠分出英雄和懦夫、推銷高手和業績拙劣者以及成功者和失敗者。

無數事實證明，凡是能夠認真行動的人，大部分都取得了卓越的成就。但是那些只會空想而沒有認真行動的人，往往錯失良機，一生只能碌碌無為，空留餘恨。

難道他們不知道成功的方法嗎？其實，所有的推銷員都知道怎樣去做才能夠取得好的業績，怎樣才能成為推銷高手，但是還有許多人由於不認真行動而業績平平，甚至毫無業績。因為幾乎所有的推銷員都會在開始推銷時下定「我這次一定要……」的決心，但往往由於推銷時遇到各種困難和障礙而改變初衷，半途而廢。

那麼，怎樣才能避免這種情形出現呢？只有靠自己的意志力。

如果你的意志薄弱，便會被困難征服，從而導致你不能採取行

動認真去面對困難，戰勝困難。被淘汰出事業戰場的人們，大部分都是因為沒有認真行動而被困難嚇倒。

推銷大師喬‧吉拉德創造了銷售 13001 輛汽車，平均每年賣出 869 輛汽車的奇蹟，雖然他從事推銷工作時一無所知，既不懂推銷技巧，也不熟悉商品知識，就連填寫銷售文件這樣簡單的事情都不會，但是，一天結束後，他竟能成功地賣出一部高檔汽車。

所以，作為一名推銷員，千萬不要做思想上的巨人，行動中的矮子。

不要沉醉於幻覺之中，欺騙自己、蒙蔽自己。實際上，推銷重要的不是有多少人拒絕你，重要的是有多少人接受你。很多人之所以不成功，是因為他們接受的拒絕不夠多，失敗的次數不夠多，當然成功的幾率也不是很大。頂尖的推銷高手，都是在不斷的行動中積累了大量的人脈，經年累月地耕耘才獲得成功的。

一百次夢想計畫，也抵不上一次行動，如果你希望成為一名出色的推銷員，那就行動吧！行動是實現夢想的惟一途徑。

四、沒有「想要」只有「一定要」

每位推銷員都知道信念對成功的重要意義，可以說成功的力量就來自決心和信心。一些推銷員在出門之前向自己保證：今天我想要簽 5 份訂單。但他們往往是空著手回來了，為什麼呢？就因為他們成功的慾望不夠強烈，如果他們能試試將「想要」換成「一定要」，那麼他們的推銷一定會更成功。

羅賓是一名職業推銷顧問，他幫助一家經銷太陽灶的公司

制定了一個計畫，使原本一年才賣出四五十台的太陽灶公司在三天之內就賣出 200 多台。

首先，羅賓向所有推銷員說明了商品的特性與銷售方法，然後，就親自率領 10 名推銷員趕赴銷售現場。第一天，他們賣出了 45 台，第二天 72 台，第三天達到了 100 台，三天下來，一共賣了 217 台，這遠遠超過了預期目標。這個數字令同行都十分吃驚，所有人都不相信，有人能將滯銷的商品一台臺地賣出去。

人們都在祈盼著，羅賓能夠向他們解釋他是用了什麼特殊的推銷技巧在這種惡劣的環境下賣出如此多的商品的。而羅賓的解釋卻很簡單，他說的銷售方案只是限定 5 天時間內賣出的台數，其他方面沒有超出同行業的一般標準。真正的秘訣是推銷人員過人的集中力和堅持達到目標的信念。其實，只要建立「一定要」賣出去的信念，根本就不會存在賣不出去的商品。

當你真正下定決心「一定要」把商品推銷出去的時候，一切困難都會變得容易和簡單。「想要」跟「一定要」是不一樣的，「想要」是沒有用的，當你「一定要」的時候，你才有成功的可能。

頂尖高手和一般人最大的差別就在於是「想要」還是「一定要」，世界上最偉大的推銷員決定了的事都是非要不可，而一般推銷員則只是想要而已，這正是一般推銷員失敗的原因。

因此，只有下定決心「一定要」的時候，我們的行動才會有強大的驅動力，我們才會想盡一切辦法，運用一切可能的、合法的手段去達成自己的目標，而這正是成功所必須的。

喬吉拉德說：「所有人都應該相信：喬・吉拉德能做到的，

11

你們也能做到，我並不比你們厲害多少。而我之所以能做到，只是因為投入了專注與執著。」

　　一般的推銷員會說，那個人看起來不像一個買東西的人。但是，有誰能告訴我們，買東西的人長什麼樣呢？喬・吉拉德說，每次有人路過他的辦公室，他內心都在吼叫：「進來吧！我一定會讓你買我的車。因為每一分每一秒的時間都是我的花費，我不會讓你走的。」

　　35 歲以前，喬吉拉德經歷過許多失敗。一次慘重失敗以後，朋友都棄他而去，他變得一無所有。但喬・吉拉德說：沒關係，笑到最後才算笑得最好。

　　他拜訪了一家汽車經銷商，要求做一份推銷的工作，推銷經理起初很不樂意。

　　喬吉拉德說：「聽著！先生，假如你不僱用我，你將犯下一生最大的錯誤！我不要有暖氣的房間，我只要一張桌子、一部電話，兩個月內我將打破你最佳推銷員的紀錄，就這麼約定。」結果在兩個月內，他真正做到了，他打破了那裏所有推銷員的業績。

　　有人問他，究竟是怎樣做到這一切的？他是否有什麼推銷秘訣，但吉拉德只是笑笑說：「那有什麼秘訣，我只能相信我一定能做到。」

　　人們常說：「世界上沒有賣不出去的商品，只有不會推銷的推銷員。因此，請你建立這樣的信念，無論你手中拿著什麼樣的商品，你都一定要把它賣出去。如果你能持續這樣激勵自己，那麼你離成功就不遠了。」

對成功的渴望是成為推銷員必備的條件,只有當渴望強烈到「一定要」的程度時,你才能克服重重困難,成為頂尖的推銷高手。

2

你要保持良好的銷售心態

銷售員要走出對銷售的自我拒絕,應該對自己有堅定的信心。拿破崙曾經說過:「我成功,是因為我志在成功。」如果沒有這個目標,拿破崙必定沒有毅然的決心與信心,當然,成功也就與他無緣。

一、堅定的銷售信心

一位記者曾訪問一位退休的美式足球教練,問道:「創造奇蹟式勝利的秘訣在那裏?」

他回答說:「我們的球隊如同其他球隊一樣都有最傑出的選手,面對這些一流的選手,我還能教他們什麼技巧呢?他們對美式足球的技巧與認識,絕不會比我少一分,我懂得的也絕不會比他們多一分,我能做的唯一的事情,就是讓我的球隊在迎戰對手前的一分鐘,讓他們的信心和戰鬥意志達到沸騰。」

這個創造美式足球奇蹟的秘訣,不在知識也不在技巧,而在於每一位選手的內心。這股心靈的力量,才是創造奇蹟的決定點。

　　銷售是與人交往的工作。在銷售過程中，銷售員要與形形色色的人打交道。可能是財大氣粗、權位顯赫的人物，也可能是博學多才、經驗豐富的客戶。銷售員要與在某些方面勝過自己的人打交道，並且要能夠說服他們，贏得他們的信任和欣賞，就必須堅信自己的能力，相信自己能夠說服他們，然後信心百倍地去敲客戶的門。如果銷售員缺乏自信，害怕與他們打交道，膽怯了，退卻了，最終會一無所獲。

　　創建於 1972 年的布魯金斯學會，以培養世界上最傑出的銷售員著稱於世。這學會有一個傳統，就是每學期學員畢業的時候，學會都要設計一道最能體驗銷售員能力的實習題。克林頓當政期間，他們出的實習題是這樣的：請把一條三角褲銷售給現任總統。8 年間，有無數個學員為此絞盡腦汁，可是，最後都無功而返。在小布希總統當政期間，他們的實習題是：將一把斧子銷售給布希總統。

　　很多學員都主動放棄了這個銷售的機會，因為他們知道 8 年前的失敗和教訓。他們認為總統沒有什麼缺少的；即使缺少什麼，也不一定缺少一把斧子；即使他要購買，也不會親自購買；即使他親自購買，也不一定要購買你的斧子。就在這麼多不一定的條件下，其中的一個學員卻做到了。2001 年 5 月 20 日，他不僅說服了布希總統買他的斧子，而且還得到了 15 美元的斧子費用。這個學員叫喬治·赫伯特。布魯金斯學會證實這個消息後，就把刻有「最偉大的銷售員」的金靴子頒發給了他。這是自 1975 年該學會的一名學員成功地把一台微型答錄機賣給尼克森總統以來，又一名學員獲此殊榮。

喬治 · 赫伯特在接受記者採訪時說:「我認為,將一把斧子銷售給小布希總統是完全可能的。因為布希總統在德克薩斯州有一個農場,那裏種著許多樹。於是我給他寫信說:我想,你一定需要一把小斧頭,但是從你現在的體質來看,小斧頭顯然太輕,因此你仍然需要一把不太鋒利的老斧頭。現在我這兒正好有一把這樣的斧頭,它是我爺爺留給我的,很適合砍伐枯樹。假若你有興趣的話,請按照這封信的位址,給予回覆……最後他就給我匯了 15 美元。」

布魯金斯學會把那只金靴子表彰給喬治 · 赫伯特的時候說,金靴子獎已空置了 26 年。26 年間,布魯金斯學會培養了數以萬計的銷售員,造就了數以百計的百萬富翁,這隻金靴子之所以沒有授予他們,是因為我們一直想尋找這麼一個人,這個人從不因為有人說某一目標不能實現而放棄,從不因為某一件事難以辦到而失去自信。

銷售員要建立起銷售的信心,就要像喬治· 赫伯特一樣相信自己能做好。當你相信自己一定能辦成這件事的時候,你發現很多困難原來是可以被克服的,很多事情好像不是由客觀事實決定的,而是由你的信心決定的。

二、積極的銷售態度

要走出銷售的自我拒絕,態度是第一位的。一個人態度積極,樂觀地面對自己的工作,樂觀地接受挑戰和應付麻煩事,那他就成功了一半。

15

有兩個歐洲人到非洲去銷售皮鞋。由於炎熱，這裏的非洲人向來都是打赤腳。第一個銷售員看到非洲人都打赤腳，立刻失望起來：「這些人都打赤腳，怎麼會要我的鞋呢？」於是放棄努力，失敗沮喪而回；另一個銷售員看到非洲人都打赤腳，驚喜萬分：「這些人都沒有皮鞋穿，這皮鞋市場大得很呢。」於是想盡各種方法，引導非洲人購買皮鞋，最後發大財而回。

成功者對待事物，不看消極的一面，只看積極的一面。如果摔了一跤，把手摔出血了，他會想：多虧沒把胳膊摔斷；如果遭了車禍，撞折了一條腿，他會想：大難不死必有後福。成功者把每一天都當作新生命的誕生而充滿希望，儘管這一天有許多麻煩事等著他；成功者又把每一天都當作生命的最後一天，倍加珍惜。

美國成功學學者拿破崙‧希爾關於態度的意義說過這樣一段話：「人與人之間只有很小的差異，但是這種很小的差異卻造成了巨大的差異！很小的差異就是所具備的態度是積極的還是消極的，巨大的差異就是成功和失敗。」

積極的銷售態度可以幫助你戰勝自卑和恐懼，可以幫助你克服惰性，可以發掘自己的潛能，提高工作的品質和效率，走上成功的道路。而消極態度使人沮喪、失望，對銷售工作充滿了抱怨，自我封閉、限制和扼殺自己的潛能。積極的態度是成功的起點，是生命的陽光和雨露，讓人的心靈插上飛翔的翅膀。選擇了積極的態度，就等於選擇了成功的希望；選擇消極的態度，就註定要走入失敗的沼澤。如果你想成功，想把美夢變成現實，就必須摒棄這種扼殺你的潛能、摧毀你希望的消極態度。

所以，影響你命運的不是環境，不是條件，不是身高，不是文

憑，不是出身，更不是腰包裏有沒有錢，而是態度。態度確實是個奇妙的東西，它會產生神奇的力量。只要改變你的態度，就會改變你的人生。

三、過人的銷售熱忱

專家統計，熱忱在成功的銷售中所起的作用為 95%，而產品知識只佔 5%。當你看到一名新手不知道成交方法，還沒有學會那麼多的技巧，只掌握一點最基本的產品知識，但卻能不斷將產品銷售出去時，你就會認識到熱忱是多麼的重要——做一個好的銷售員，技巧並不是唯一重要的。有了熱忱，技巧是可以學來的。

美國著名的人壽保險銷售員法蘭克·派特剛轉入職業棒球界不久，就遭到有生以來最大的打擊，因為他被開除了。他的動作無力，因此球隊的經理有意要他走人。球隊經理對他說：「你這樣慢吞吞的，那像是在球場混了 20 年？我告訴你，無論你到那裏做任何事，若不提起精神來，你就永遠不會有出路。」

法蘭克離開原來的球隊之後，一位名叫丁尼·密亨的老隊員把法蘭克介紹到新凡去。在新凡的第一天，法蘭克的一生有了一個重要的轉變。因為在那個地方沒有人知道他過去的情形，法蘭克就決心變成新凡最具熱忱的球員。為了實現這點，當然必須採取行動才行。

法蘭克一上場，就好像全身帶電。他強力地投出高速球，使接球的人雙手都麻木了。有一次，法蘭克以強烈的氣勢衝入三壘。那位三壘手嚇呆了，球漏接，法蘭克就盜壘成功了。當

時氣溫高達 39℃。法蘭克在球場奔來跑去，極可能中暑而倒下去，但在過人的熱忱支持下，他挺住了。這種熱忱所帶來的結果，真令人吃驚。

由於熱忱的態度，法蘭克的月薪提高到原來的 7 倍。在以後的兩年裏，法蘭克一直擔任三壘手，薪水達到原來的 30 倍之多。為什麼呢？法蘭克自己說：「只是因為一股熱忱，沒有別的原因。」

後來，法蘭克的手臂受了傷，不得不放棄打棒球。接著，他到菲特列人壽保險公司當保險員，整整一年多都沒有什麼成績，因此很苦悶。但後來他又變得熱忱起來，就像當年打棒球那樣。

再後來，他是人壽保險界的大紅人。不但有人請他撰稿，還有人請他演講自己的經驗。他說：「我從事銷售已經 15 年了。我見到許多人，由於對工作抱著熱忱的態度，使他們的收入成倍地增加起來。我也見到另一些人，由於缺乏熱忱而走投無路。我深信唯有熱忱的態度，才是成功銷售的最重要因素。」

羅伯特・蘇克最初是一個十分棒的保險銷售員，後來創辦了美國經理人保險公司。有一次，他手下有一個叫山姆的銷售員當著大夥的面，抱怨自己負責的那塊地盤不好。他說：「我逐一訪問了那個地區的 20 個銷售對象，但一個也沒成功。所以我想換個地盤試試。」

羅伯特則不以為然，他說：「我認為並不是地盤不行，而是你的心態不行。」

「我敢打賭，沒有人能在那個地區做成買賣。」山姆固執地說。

「打賭？」羅伯特說，「我最喜歡接受挑戰！我保證一週之內，在你那 20 個名單目錄中做成至少 10 樁買賣。」

一週後，羅伯特當眾打開公事包，就像玩魔術似的，在會議桌上一口氣排出 16 份已簽的保險合約單！大家驚呆了。

「你到底是怎麼做的？」山姆問。

「當我去拜訪每一位客戶時，先自我介紹：『我是保險公司的銷售員。我知道，山姆上個星期到你這兒來過一趟。但我之所以再來拜訪你，是因為公司剛剛出台了一套新的保險方案，和以前的方案相比，它將給客戶帶來更多的利益，而且價格一點兒也不變。我只想佔用你幾分鐘時間，給你解釋一下方案的變動情況。』

「在他們還來不及說『不』時，我就先取出我們的保險方案——其實還是以前的那本手冊，只不過我重新又抄了一遍而已。我也是先逐條解釋保險條款，只不過我傾注了極大熱情。關鍵處我便加重語氣強調：『你可看好了，這是新增條款……現在你該明白兩者的區別了吧？』每次客戶都回答：『不錯，還真和上次的不一樣。』

「我接著說：『再看看這條，這又是一個全新條款。你認為這條怎麼樣？』客戶再次回答：『真是有些不一樣！』

「於是我繼續解釋下去：『下面這條你可尤其注意了，這可是一條最讓人激動的條款！……』

「就這樣，我滿腔熱情地向他們銷售。當所有的保險內容

19

都解釋完之後，客戶已經被我的熱情所感染，變得和我一樣興致勃勃，每個人都非常感謝我帶給了他們全新的保險方案。」

當你具有這樣一種對產品和服務的熱忱和信心時，你離成功的境界也就不遠了。優秀的銷售員對他們的產品和服務非常非常的熱愛，即使不付給他薪水，他也願意把產品和服務告訴別人。

熱忱真的有這樣的力量嗎？只要你去接觸成功的銷售員，靜靜地坐在他們的週圍，看看他們是如何應付這個世界的變化的，看看他們身後若隱若現的某種依靠。只需這麼一點點接觸，你就完全可以體驗到一種從未有過的力量。過不了幾天，你就會發現自己身上也有了一種與之相似的精神，甚至你還會不自覺地學用他們的手勢和口氣。他們堅定的信心和超脫的沉靜，會點撥你，使你調整步伐，確立一種天天向上的熱忱。

銷售員應該要有一種發自內心的熱忱，並把這種熱忱傳遞給身邊的人。擁有熱忱的人，無論處於什麼環境都可能有所作為。要想成功銷售，你一定要把熱忱變成一種習慣！你一定要養成這種習慣，然後這種習慣就會成就你。

四、克服一切的勇敢精神

每位銷售人員都有這樣或那樣的夢想，但夢想成真者，往往不佔多數，其主要原因就是缺乏一顆勇敢的心。想為而不敢為，結果就一事無成。在每位銷售人員的工作中，都會經歷許多害怕做不到的時刻，因而他們畫地為牢，裹足不前，使無限的潛能化為有限的成績。銷售人員必須具有一顆勇敢的心。

　　銷售人員在面對日復一日的拒絕時，如果沒有頑強的鬥志和必勝的信念，免不了會產生「太受打擊了，我實在是堅持不下去了！」的逃避想法，這就是心中看不見的敵人之一。要想戰勝這種看不見的敵人，除了銷售人員自己給自己鼓勁外，別無良策。

　　「銷售之神」原一平 23 歲時，遠離家鄉到東京打天下。27歲進入明治保險公司做了一名「見習銷售員」。他並沒有被正式錄用，只想讓他試一試，但當時的現實生活問題逼得他喘不過氣來，他不吃中餐是因為沒錢吃；他不搭電車，是因為沒錢搭，但他把「沒錢吃」改為「我不吃」，「沒錢搭」改為「我不搭」，並把省下的時間用來拜訪客戶，拖欠了 7 個月房租後，公園成了他的家，長凳就是他的床。但他的內心仍在吶喊著：「原一平啊，千萬不能洩氣；全世界獨一無二的原一平啊，提起精神；拿出更大的勇氣和鬥志來吧，原一平是頂天立地的；原一平是絕不屈服的；原一平是永遠打不倒的！幹呀！我要勇敢地幹下去。」

　　幸運的是就在睡公園期間，他認識了三業聯合公會的董事長並從他那兒拉到了保險，經過理事長的介紹，原一平很快同三業聯合公會的許多公司搭上了線，獲得了很多的潛在客戶，從那一天起，原一平開始成功了。

　　銷售是勇敢者才能從事的職業。銷售是向準備拒絕你的人銷售產品，讓無心購買東西的人購買你的產品，可想而知它的難度有多大。所以說，銷售是一種高風險的行當，不是一些懦弱的人所能承受的，只有勇敢者才有希望在銷售行業中建功立業，成就輝煌人生。

　　在銷售過程中，銷售人員第一個銷售的應該是他的勇氣，這是

每一個從事銷售工作的人員都要牢記的法寶。銷售是一種銷售自己的職業，更是一種勇敢的職業。當銷售人員向別人銷售產品，他們面對的不僅僅是別人，也是自己。有一些銷售人員，當他們在銷售過程中遭到拒絕後，往往會產生一種心理障礙，害怕再去向別人銷售商品。所以，勇敢的心是非常重要的，勇氣是你行動的動力。作為銷售人員，應該克服自己的恐懼心理，讓勇敢在你的心裏生根發芽。

作為一名銷售人員，請你記住一句話：成功就在你的身邊，看你有沒有一顆勇敢的心去採摘勝利的果實。失去金錢的人損失甚少，失去健康的人損失極多，失去勇氣的人損失的是一切可能。

五、彰顯敬業的責任心

每個人在事業發展的道路上，必定要經受很多挑戰。挑戰既蘊含著一定的風險，又潛藏著成功的機會。面對挑戰，只有勇敢地起身迎接，主動承擔重大的責任，才能從中抓住成功的機會。

比爾・蓋茨曾經說過：「如果你有很強的責任感，能夠接受別人不願意接受的工作，並且從中體會到辛勞的樂趣，那就能夠克服困難，達到他人無法達到的境界，並獲得應有的回報。」做到這一點固然不容易，但是作為一名銷售人員必須知道這樣的一個事實：成就任何一番事業都不可能是輕而易舉的，為了事業的發展和企業的利益勇於承擔重責，這是每一個企業員工都應該盡全力做到的事情。

某公司的銷售部經理在一次與客戶針對某些問題進行談判的過程中，由於措辭不當惹怒了客戶。這位客戶是一家大房地

產公司的業務代表，如果不能挽回客戶的好感，那麼公司失去的就不僅僅是這筆交易，還將失去與這家房地產公司的很多合作。如果失去這樣一位大客戶，那麼對於公司的銷售總額將會造成很大的衝擊，公司因此遭受的損失也不可估量。為了重塑與這位大客戶之間的友好關係，更是為了維護公司的利益，公司召開特別會議，決定派出得力人手去完成這項重任。

公司的每一位部門經理及銷售人員都參加了這次會議，不過每一位參加會議的人都知道，這項任務既艱難又有很大風險，因為一旦完不成，不僅根本目的實現不了，而且還會在公司內留下「愛出風頭」的印象。況且，要真想完成這項任務，實在是太難了。大家都清楚，重塑客戶關係要比最初拓展客戶時更為艱難，因為這首先要消除客戶內心的強烈不滿。而這項工作本身就充滿了挑戰，在消除客戶不滿的同時，還必須要進一步加強與客戶之間的溝通與交流，並且達到繼續與客戶保持長期合作的目的。

因此，參加會議的每一個人都不敢貿然領命。當公司提出這項議題之後，大家都保持沉默。看到這種情形，公司總經理又意味深長地說了這樣一段話：「第二次世界大戰中，美國最受人尊敬的軍事家巴頓將軍曾經指出：在作戰過程中，每一個人都必須肩負起自己應盡的責任，要到最需要你的地方去，做你必須做的事，而不能忘記自己的責任。巴頓將軍還說，當敵人來犯時，如果誰能主動請纓完成極富挑戰性的重任，並且能夠盡自己全部努力完成自己肩負的重任，那麼這個人就是最值得人們崇敬的真英雄。如果一個人在戰場中一心想著遠離前線作

戰，不肯為完成任務而擔負風險、付出努力，那麼這種人就是地道的膽小鬼，這種人永遠都只能得到人們的唾棄。」

聽了總經理的話之後，與會者均不由感到非常難堪，剛剛從公司項目部調到銷售部不久的銷售人員小徐內心也受到了很大觸動。他其實有過接受這項重任的念頭，因為他在項目部的時候，曾經與那位客戶在另外一個項目中進行過合作，彼此都留下了不錯的印象，可是小徐也有和其他人一樣的顧慮，所以一直保持沉默。不過，在聽到總經理的話以後，小徐覺得自己不能再沉默下去了，於是他站起來主動請求接受這項重任。

就這樣，在眾人有些驚訝又有些不屑的目光中，小徐接受了重任。後來，小徐透過艱辛的努力終於贏得了客戶的好評，並為公司贏得了與客戶的長期合作關係，小徐也逐漸由銷售人員成為部門經理，後來又成為公司的銷售總監……

雖然小徐主動承擔具有挑戰性的重任，將種種風險加諸於自己身上，但是他在完成這些工作、履行必要責任的同時，也獲得了成功拓展未來事業發展的大好機會，而且其在承擔重任過程中所積累的知識、經驗和能力又為其未來事業創造了有利條件。

為什麼那些勇於挑戰重任的銷售人員能夠做到這些呢？這是因為他們在工作過程中總是具有強烈的責任意識。如果你也想做到這些，那麼你同樣要具有強烈的責任心。

六、激發成功的進取心

進取心是一種對於自己所嚮往目標的強烈願望。銷售人員的進取心從大的方面來講，可以說是一種對於自身銷售事業取得成功的強烈願望，而從小的方面來說，則是指銷售人員在每一次具體的銷售活動當中對於銷售取得成功的強烈願望。

在 1949 年，一位 24 歲的年輕人，充滿自信地走進美國通用汽車公司，應聘做會計工作，他只是為了父親曾說過的「通用汽車公司是一家經營良好的公司」，並建議他去看一看。

在應試時，他的自信使助理會計檢察官印象十分深刻。當時只有一個空缺，而應試員告訴他，那個職位十分艱苦難當，一個新手可能很難應付得來，但他當時只有一個念頭，即進入通用汽車公司，展現自己足以勝任的能力與超人的規劃能力。

當應試員在僱用這位年輕人之後，曾對他的秘書說過：「我剛剛僱用一個想成為通用汽車公司董事長的人！」這位年輕人就是後來出任通用汽車董事長的羅傑·史密斯。

羅傑剛進公司的第一位朋友阿特·韋斯特回憶說：「合作的一個月中，羅傑一本正經地告訴我，他將來要成為通用的總裁。」

強烈的進取心，有許多是來自於現實生活的刺激，是在外力的作用下產生的，而且往往不是正面的鼓勵型的。刺激的發出者經常讓承受者感到屈辱、痛苦。這種刺激經常在被刺激者心中激起一種強烈的憤懣、憤恨與反抗精神，從而使他們做出一些「超常規」的行動，煥發出「超常規」的能量，這大概就是孟子說的「知恥而後

勇」。一些頂尖銷售員在獲得成功後往往會說:「我自己也沒有想到自己竟然還有這兩下子。」

如果一個人連一點進取心都沒有,那麼這個人做任何事情都不會產生一絲一毫的積極性,更不會形成前進的動力。而銷售工作充滿艱辛和磨難,如果沒有源源不斷且足夠強勁的動力促使銷售人員不斷開展積極的行動,那麼銷售人員的工作將寸步難行。

七、堅持到底的恒久心

美國銷售員協會做過一項研究:48%的銷售員被拒絕一次就放棄;25%被拒絕二次放棄;12%被拒絕三次之後還繼續做下去,80%的生意就是他們做成的。所以,銷售員戰勝拒絕和挫折的良藥就是堅持下去。

有位銷售老師說過一番對所有銷售員來說都有借鑑意義的話。他說:「銷售其實有個成功的概率在裏面,區別只在於經驗多、技巧好的人成功率高一些,例如打 3 個電話中可以約著兩位客戶。而經驗少、技巧差的人成功率可能就低一些,例如打 10 個電話才約著兩位客戶。被拒絕沒什麼可怕的,你打 100 個電話都被拒絕了,只能說明你越來越接近成功。反過來,如果你打了 10 個電話,10 個都成功了,說不定你接下來就要開始吃閉門羹了。這就是戰勝拒絕和挫折的關鍵,你必須去做,必須不斷地打電話。」

根據銷售公司的統計,不能堅持是銷售失敗的主要原因:有 10%的銷售員不能堅持一個月;有 15%的銷售員不能堅持兩個月;有 25%的銷售員不能堅持三個月。只有 50%的銷售員堅持三個月後繼續幹

下去。

　　沒有恒心，「三天打魚，兩天曬網」，或者淺嘗輒止、半途而廢，都難以在工作中取得成功。想要做出不菲的成績，或者成就不凡的事業，沒有持之以恆的精神是不行的。沒有任何一個喜歡半途而廢的人能夠獲得偉大的成就。就像挖井取水，雖然地址選對了，但有的人挖了 3 米就不再挖下去，而輕易下結論說「此地無水」，選擇了離開；有的人挖了 5 米，也漸漸失去了耐心，覺得是挖不出水的，也選擇了放棄；而有的人卻堅持不懈，一鼓作氣地挖下去，挖到 6 米的時候，就看到了汩汩湧出的泉水。只要再堅持一會兒，再挖幾米就能挖到水了，但是他們選擇了半途而廢，於是最終失敗了。其實，有時候成功與失敗，傑出與平庸之間就差那麼一點點的距離，誰有恒心，誰能夠堅持到最後，誰就會取得勝利。

　　一個優秀的銷售員會時刻記住：成功根本沒有什麼秘訣可言，如果真是有的話，就是兩個：第一個就是堅持到底，永不放棄；第二個就是當你想放棄的時候，回過頭來看看第一個秘訣：堅持到底，永不放棄。

　　美國著名的金牌銷售員喬・庫爾曼的故事吧，喬・庫爾曼曾經連任 3 屆百萬圓桌俱樂部主席。喬・庫爾曼幼年喪父，11歲就每天淩晨 4 點半起床，上街賣報。18 歲成為職業棒球手，後來又因弄傷了手臂，被迫放棄棒球事業。當了一名壽險銷售員後，8 個月沒有業績，正在謀劃辭職的時候，他聽到成功學大師戴爾・卡耐基的講座，又被公司總裁的講話所鼓舞，由此激發了鬥志，幾經波折，終於取得了良好的業績，並由此悟出「天道酬勤，情況壞到極點，往往就開始好轉」。

多年後，業績輝煌的庫爾曼又與卡耐基橫跨美國，巡廻演講，譜寫了一曲人生拼搏奮鬥的凱歌。

喬·庫爾曼堅持到底、永不放棄的故事很有啟發意義，他告訴每個銷售員：

首先，你要在失敗中堅持。由於新人尚未熟練，因此遭遇困難是很正常的。這時你要對自己說，最初當然不順利，反覆去做就會變得順利。反覆實踐正是走上順利的唯一方法，即所謂反覆 10 次可以記住，反覆 100 次能夠學會，反覆一萬次，就變成職業高手了。如果總是希望銷售一開始就會順利，抱著甜美的希望，結果，很容易因大失所望而深受打擊。所以應該經常對自己說：「開始時不順利是自然的，唯有在反覆中不斷進步，才會變得順利。」

其次，你要在錯誤中堅持。想一想，在自己的性格中，還有那些優秀的東西沒有派上用場？同時回頭檢查一下自己的錯誤。但要注意，你「回顧過去」的目的是「展望未來」，而不是找個理由讓自己當逃兵。別把自己的過去說得一無是處。誰都有自己獨特的優勢，你也不會例外。

最後，你要在戰勝自我的戰鬥中堅持。很多人之所以不能成功地進行銷售，是因為他們面對棘手問題拖著不辦。他們愛做可做可不做的事，不做該做的事。所以，遇到難題的時候，你就要對自己說：做完它，我就可以清閒了，現在阻礙你享清福的就是它！然後，就像它是你的敵人一樣，向它進攻，把它趕跑。當你習慣了以後，你會發現，這是很爽的一種事——當你攻克了一個難關以後，你的感覺會和馬拉多納進了一球後的感覺差不多。

著名的哲學家康得曾經說過這樣的話：「我已經給自己創造了道

路，我將堅定不移。既然我已經踏上了這條道路，那麼任何東西都不能妨礙我沿著這條路走下去。」這句話對於銷售人員亦不無啟迪。既然自己選擇了銷售工作，就應該毫不動搖地堅持下去，即使經受再多的困難和阻礙，也不能輕言放棄。想要成為優秀的銷售人員，就一定要具有持之以恆的品質。

3
為什麼客戶會拒絕你

客戶提出拒絕看起來阻礙了你的成交，但實際上，如果你能夠瞭解到客戶拒絕的真實心理，就能夠恰當地解決客戶所提出的問題，讓客戶覺得滿意，那麼接下來的便是決定購買。一般來說，產生客戶拒絕有以下的原因：

一、客戶對產品沒有興趣

泰國首都曼谷有家酒吧，門口放著一隻大酒桶，桶壁上寫著四個醒目的大字：「不准偷看！」過路的行人覺得很有趣，跑過去要看個究竟。把頭探進桶裏，一股清醇芳香的酒味，撲鼻而來，酒桶底隱約可見「本店美酒與眾不同，請享用」的字樣。人們雖未有什麼新奇的發現，但不少人酒癮頓起，不免進店喝

上幾杯。

　　這家酒吧的老闆利用「不准偷看！」的辦法，來刺激顧客的興趣。老闆越是標明不准偷看，人們越是有興趣想看個明白。你不願讓客戶知道自己經營的商品，而這恰恰促使客戶急於瞭解。可見，引起客戶的興趣，對銷售員來說是何等的重要。銷售員如果沒能引起客戶的注意及興趣，銷售是一定會遭到客戶拒絕的。

　　一次，一個銷售新手和銷售經理與一家帳篷製造廠的總經理談生意。為了訓練員工，銷售經理把所有談話重點都交給這位新員工，但遺憾的是，直到談話快要結束他仍然沒辦法說服對方。此時，銷售經理一看遊戲即將結束，馬上接手插話：「我在前兩天的報紙上看到有很多年輕人喜歡野外活動，而且經常露宿荒野，用的就是貴廠生產的帳篷，不知道是不是真的。」

　　那位總經理對銷售經理的話表現出極大的興趣，立刻轉向他侃侃而談：「沒錯，過去的兩年裏我們的產品非常走俏，而且都被年輕人用來做野外遊玩之用，因為我們的產品品質很好，結實耐用⋯⋯」他饒有興趣地講了大概 20 分鐘之久，當他的話暫告一個段落時，那位銷售經理又巧妙地將話題引入他們的產品。那位總經理又向銷售經理詢問了一些細節上的問題後，就愉快地在合約上簽了自己的名字。

　　當你面對客戶可能拒絕的時候，一定要想盡一切辦法引起對方的興趣，只有這樣，你的銷售才能有一個良好的開始，而且，客戶的購買興趣是可以創造出來的。所以，在銷售中，銷售員不僅要知道怎樣吸引客戶的興趣，並且還要知道怎樣去滿足客戶的興趣，並一直引著客戶往前走，這樣才能提升你的銷售業績。

二、客戶需要得不到滿足

銷售員要注意：每一位客戶在購買行為產生以前，都會存在著某一種想法——我買這種產品，能滿足什麼需要？而答案就在以下幾點：

1.想要獲得的東西

健康、時間、金錢、安全感、讚賞、舒適、青春與美麗、成就感、自信心、成長與進步、長壽。

2.希望成為不一般的人

好的父母，易親近的、好客的、現代的、有創意的、擁有財產的、對他人有影響力、有效率的、被認同的人。

3.希望去做的事

表達他們的人格特質、保有私人領域、滿足好奇心、模仿心、欣賞美好的人或事物、獲得他人的情感、不斷地改善與進步。

4.希望擁有的東西

別人「有」的東西、別人「沒有」的東西、比別人「更好」的東西。

無論如何，客戶都有「想要」的渴求，銷售員要關注客戶的需要，而不是自己的需要。

客戶的需要不能充分被滿足，因而無法認同你提供的產品。銷售員需要明白一個道理：客戶只選擇他們想要的東西，其他的東西即使物美價廉，如果他們用不著，那就對他們完全沒有意義。銷售員要想真正識別出客戶的利益，就必須先站在客戶的立場，瞭解客

戶的想法和需要，找出問題的突破口，才能對症下藥，實現自己的
銷售目標。

有一次，美國談判家荷伯受人之托，代表一家大公司到俄
亥俄州購買一座煤礦。礦主是一個強硬的談判對手，在談判桌
上，他開出了煤礦的價格——2600 萬美元。荷伯的還價是 1500
萬美元。

「先生，你不會是在開玩笑吧？」礦主粗聲粗氣地說。

「絕對不是，但是請你把你的實際售價告訴我們，我們好
進行考慮。」

「沒有什麼好說的，實際售價就是 2600 萬美元。」礦主的
立場毫不動搖。

談判繼續下去。荷伯的出價逐漸升高，從 1800 萬美元到
2000 萬美元到 2100 萬美元再到 2150 萬美元，但是礦主依然是
一副泰山壓頂毫不變色的神態，拒絕作出讓步。報價在 2150
萬美元和 2600 萬美元之間對峙，談判陷入了僵局，雙方都無法
活動。顯然，在此情形之下，注意結果就無法取得創造性的進
展，由於荷伯沒有掌握有關對手需要的信息，重擬談判的內容
顯得困難重重。

為什麼礦主不接受這個顯然是公平的價格呢？荷伯冥思苦
想，終不得其解。於是，荷伯只得一頓接一頓地邀請礦主吃飯，
在每次進餐的時候，荷伯都要向礦主解釋公司所做出的最後還
價是合理的，礦主的態度卻總是顧左右而言他。一天晚上，礦
主終於對荷伯的反覆解釋答話了：「我兄弟的煤礦賣了 2550 萬
美元，還有一些附加利益。」

「原來如此。」荷伯心中頓時豁然開朗,「這就是他固守那個價錢的理由。他有別的需要,原來是我們的疏忽。」

掌握了這一個重要的信息,荷伯立即與公司有關人員碰頭,他說:「我們首先得弄清楚他兄弟的公司究竟確切得到多少,然後我們才能商量我們的報價。顯然我們必須首先處理對手的個人需要這個重要的問題,這跟市場價格毫無關係。」

公司同意了荷伯的意見,荷伯按照這條思路進行談判,不久,談判順利達成了協議,最後的價格並沒有超過公司的預算,但是付款的方式和附加條件使礦主感到自己幹得遠比他的兄弟強。

三、客戶不願意改變

大多數客戶對改變都會產生抵觸,銷售員的工作,具有帶給客戶改變的含意。例如從目前使用的 A 品牌轉成 B 品牌,從目前可用的所得中,拿出一部份購買未來的保障等,都是要讓你的客戶改變目前的狀況。有些客戶在接受你的產品之前,他們喜歡憑過去的經驗、體會來評價產品的優劣。他們因循著固定的消費習慣,不易受外界因素的干擾,也不為產品的某一特點所動,很難輕易改變。這時就需要你打動他們的心。他們一旦對你的產品產生購買動機,同樣也不會輕易改變,或遲或早總會導致購買行為。

矢田一郎可以說是懂得如何改變客戶的高手。他帶著專供殘疾人使用的安全便器到東京各商店去推銷。他不厭其煩地向商店的業務主管人員介紹安全便器的性能及其使用價值:「殘疾人由於生理障礙,大小便時很困難,這個安全便器就是專為他

們設計的，其銷售前景頗為廣闊。」

可是商店的業務主管們採取觀望的態度。因為他們不知道這種安全便器究竟是否有銷路，而且在櫥窗裏陳列便器，很不雅觀，所以最終他們婉言謝絕了矢田一郎。這使矢田一郎陷入了困境。他推銷這種安全便器的想法是緣於他的兒子。他唯一的兒子是個殘疾兒童，每次大小便都需要他去幫助，弄得他滿頭大汗，也使兒子感到很痛苦，長此下去，總不是辦法。

於是，他就專心研製一種專供殘疾人使用的安全便器。經過兩年的研製，終於取得了成功。他想，社會上的殘疾人很多，給生活帶來諸多不便，造成了本人及家庭的許多困難。如果將這種安全便器推廣出去，不僅可以解決殘疾人的困難，還可以使自己獲得可觀的利潤。於是他為安全便器申請了專利，投入了全部財產生產安全便器，誰知一上馬就碰了壁。

當他走投無路時，他的一個知心朋友為他出了一個點子。當時，日本已盛行透過電話進行訂貨的業務。幾天之後，東京很多百貨商店都接到這樣的訂貨電話：

「請問，貴店有專供殘疾人使用的安全便器嗎？」

「很抱歉，本店沒有這種貨物供應，請到別的商店去問。」

別的商店也接到了同樣的電話，也同樣無法供應。由於接到這種訂貨的電話很多，引起了商店的重視，就將這個情況反映到所屬的百貨公司裏去。

百貨公司很重視這個「信息」，他們想迅速進貨來滿足商店營業的需要，終於他們記起了曾有個叫矢田一郎的人來推銷過這種商品，當時被他們一口回絕了，現在看來是失策的。於是，

他們就主動尋訪矢田一耶，從他那裏進了大批的安全便器，使矢田一郎積壓的產品一下子銷售出去，獲得了相當的利潤。

事實上，所有的訂貨電話，都是矢田一郎透過他的朋友打出的。而安全便器上市後，購買者很多，因為它確實給殘疾人帶來方便。

從矢田一郎的經歷可以看出，客戶是願意改變的，只要你的產品帶來的價值大於他改變所付出的代價。所以，當你的銷售工作遇到困難時，不要氣餒，要積極地找到解決問題的方法。只要你足夠用心，你的產品品質過硬，那麼客戶的意願也是可以改變的。

四、客戶情緒正處於低潮

銷售員在銷售過程中會遇到各種情況，遇到客戶的情緒低潮也是很正常的事。當客戶情緒正處於低潮時，沒有心情進行商談，容易產生拒絕。所以在這種情況下銷售員就要動動腦筋，改變自己的銷售策略。

美國的提多瑪毛織公司是世界上少有的大公司之一。在它創立初始之時，一位從芝加哥專程飛到紐約的顧客，衝進董事長朱利安·F.提多瑪的辦公室，火氣十足地說：「你公司職員去函催款，說我虧欠 15 關金，根本沒有這回事。」聲明要和公司斷交。

待他氣話說完，情緒平穩了，提多瑪和顏悅色地說：「您特意從芝加哥趕來，我真不知道應該如何感謝您，能聽到您的意見，我很高興。對於屬下打擾您，我由衷地抱歉。實際上，應該我去訪問您才對。而且錯誤也許就發生在我們這邊，這 15

35

美金就算了。」

　　之後，兩人共進了午餐。午餐後，這位顧客竟主動提出再向公司訂貨的要求。回到芝加哥以後，顧客仔細檢查賬目，發現了錯處，補寄了 15 美金支票和道歉信。他和公司成了親密的朋友。

　　設想一下，如果不是和氣地對待這位客戶，那麼他就會失去了一位很好的合作夥伴。如果該公司不是一貫地採取友好的態度，很難想像，它會逐漸發展成為世界聞名的大公司。

　　有的時候，客戶對外界事物、人物反應異常敏感，且耿耿於懷；可能情緒不穩定，易激動。當客戶情緒變化時，通常在對話中透過一些字、詞表現出來，如「太」差了、「怎麼」可能、「非常」等，這些字眼都表現了客戶的潛意識導向，表明了他們的情緒狀態。銷售人員在傾聽時要格外注意，對待客戶一定要有耐心，不能急躁，同時要記住言語謹慎，一定要避免引起客戶的反感。如果你能在銷售過程中把握住對方的情緒變動，順其自然，並且能在合適的時間提出自己的觀點，那麼成功就會屬於你。

　　他的客戶昨晚失眠，心情煩透了。銷售員小吳正上門銷售，這時，客戶好像昏昏欲睡的樣子，廚房火爐上燒著的水沸騰了，茶壺蓋子上噴出白色的水汽，發出「唭嗒唭嗒」的聲音，頓時客戶怒不可遏，因為水沸騰「唭嗒唭嗒」的聲響令他心煩意亂。

　　小吳看到這種情況，立即說：「水沸騰『唭嗒唭嗒』的聲響確實太令人煩躁了。不過，我倒有個好辦法解決這個問題。」

　　「有什麼好辦法？」客戶一聽馬上來了興趣。

　　小吳馬上說出了自己的想法：「茶壺蓋子上噴出白色的水

汽，所以發出『哜嗒哜嗒』的聲音。如果在蓋子上鑽個小孔，壺中的熱氣就有了散發的通道，就不會再發出響聲了。這是個在物理學上比較簡單的問題，您何不試一試呢？」

客戶一聽到這個想法，頓時激動不已，精神倍增，就馬上行動起來。他找來工具，立即在茶壺蓋子上開始鑽孔。不到一會兒，小孔鑽成功了，「哜嗒哜嗒」的水汽聲真的消失了。「太好了，非常感謝您！」客戶興奮不已。

接下來，他們進入了主題，很快談妥了一筆生意。

遇到客戶情緒不佳時，不要急於向客戶銷售自己的產品，而是要想辦法改變客戶的情緒，讓他高興起來，那麼你的銷售工作離成功就很近了。

五、客戶隱藏自己的想法

客戶抱有隱藏的想法時，會提出各式各樣的拒絕藉口。

1. 資金緊張

許多客戶資金緊張，預算已經花完，但手頭必定還留有一筆備用資金，在特殊情況下是可以動用的。如果對方確實已經把預算花完了，你的產品宣傳必須是極具吸引力才行，這樣才可能說服對方動用儲備金。如：

客戶：劉先生，真對不起，您的產品聽起來很吸引人，但我們現在沒有這樣的預算，請您到冬季再同我聯絡。

銷售員：郭先生，我很遺憾同您聯絡得太晚了。不過我還沒告訴你，我們將在報刊和電視上登廣告來宣傳我們的產品。

假如您採購我們的貨，您及您公司的名字就會在廣告中出現。我們去年的宣傳就非常成功。這樣吧，下星期我把我們的產品拿來請您過目行嗎？

2.沒有時間

有時候，客戶並不一定真的是因為忙，他要是想見你的話，時間一般還是可以擠出來的。他說太忙不能見你，那是個藉口。不要問他什麼時候不那麼忙，直接提出預約見面的問題。

客戶：這個月我太忙，沒時間見你。

銷售員：正因為忙，你才需要見見我。我有個辦法，每天能為你專約一個小時，且不會增加你的費用。我們今天下午能見見面嗎？也許明天早晨更好些？

如果他們的日程表實在已經排滿，要他們改變的可能性就微乎其微，在這種情況下，加深對方對自己的印象是十分重要的，一般情況下，寄一封附有產品說明書的信較為適宜。

3.對原產品供應商比較滿意

如果客戶同其產品供應商合作得比較成功，他就會繼續同這位產品供應商合作，而不會輕易把目光轉向他人。

如果你想同原產品供應商競爭，與這位客戶建立起業務關係，工作將會有一定難度，進行一般性的產品宣傳是很難吸引對方的。你必須著重宣傳你的產品及經營手法的優點。例如利潤高、提供免費廣告宣傳、支付全部或部份產品的特別推廣費用、不好賣可以退貨等。除了技巧性的因素外，你戰勝客戶原產品供應商的唯一辦法就是比對手努力兩倍。

上面我們談到了客戶可能提出的三種隱藏的想法。當然，客戶

還有可能提出其他的藉口、推託等隱藏式的理由,這要求銷售員有針對性地做出正確的判斷,就不再一一說明了。

六、客戶對銷售員不滿意

你對客戶的態度會決定客戶對你的態度。銷售員在面對客戶時,一定要注意自己的一言一行。例如:銷售員說明產品時,不要使用過於高深的專門知識,因為那會讓客戶覺得自己無法勝任使用,而產生拒絕;銷售員不能為了說服客戶,以不實的說辭哄騙客戶;銷售員不要說得太多或聽得太少,因為那將無法確實把握住客戶的問題點,而產生許多的拒絕因素;銷售員不要處處想說服客戶,否則會讓客戶感覺不愉快,而提出許多主觀的想法。

在美國狄斯奈樂園,一位女士帶 5 歲的兒子排隊玩夢想已久的太空穿梭機。好不容易排了 40 分鐘的隊,上機時卻被告知:由於小孩年齡太小,不能做這種遊戲,母子倆一下愣住了。其實在隊伍的開始和中間,都有醒目標誌:10 歲以下兒童,不能參加太空穿梭遊戲。遺憾的是母子倆過於興奮未看到。怨誰?失望的母子倆正準備離去時,迪士尼服務人員親切地上前詢問了孩子的姓名,不一會兒,拿著一張剛剛印製的精美卡片(上有孩子姓名)走了過來,鄭重地交給孩子,並對孩子說,歡迎他到年齡時再來玩這個遊戲,到時拿著卡片不用排隊——因為已經排過了。拿著卡片,母子倆愉快地離去。

40 分鐘的排隊等待,面臨的是被勸離開,客戶的失望、不滿是毋庸置疑的,而迪士尼的做法就非常令人稱道。一張卡片

不僅平息了客戶不滿，還為迪士尼拉到了一個忠誠的顧客。所以，只有真心真意為客戶服務，想客戶所想，急客戶所急，就能把客戶的不滿轉化為「美滿」。

作為銷售人員，無論這次生意是否成交，都要給客戶留下一個好的印象，因為如果你拉到一個忠誠的客戶，以後你會有更多的機會。

心得欄 _____

_____

_____

_____

_____

_____

為什麼要挺身面對拒絕

如果不經歷足夠的客戶拒絕，我們的銷售技巧將無從得到充分鍛鍊。事實上，如果客戶連拒絕都不屑於對我們表示的話，那我們簡直對他們無從下手。

只要存在交易行為，就會有客戶的拒絕、抱怨、投訴相伴隨，從事銷售工作的人們必須要有十分清醒的認識。

如果因為害怕客戶拒絕而放棄與客戶進行聯繫，那麼無論多麼好的商品都不會從你的手中成功銷售到客戶手中。

只要你選擇了銷售工作，那你就必須選擇積極地面對客戶毫不留情的拒絕和他們對產品的相關抱怨和投訴，逃避將使你永遠無法和他們實現成功的交易。

在每一次銷售活動之前，都告訴自己，客戶一定會提出拒絕，重要的是你以怎樣的態度對待他們的拒絕；再根據你對客戶的認真分析，提前對客戶可能提出的拒絕理由進行預測，這有助於你在銷售活動中更加得心應手地進行處理。

一、銷售過程都會伴隨著反對的聲音

當你聽到一位銷售人員要一把斧頭賣給美國總統的時候，你是

41

否感到十分驚訝，同時可能會忍不住發出驚歎：「這個傢伙真是一個天才！」或者你會說：「他真是一個幸運的傢伙！」

能夠想到將斧頭賣給總統的人從某方面來說的確可以稱為「銷售天才」，他們能夠將看似不可能的交易完成，這也確實比其他銷售人員更加幸運。可是所謂的「天才」和「幸運」其實都是建立在被拒絕、被抱怨的基礎之上的，很少有輕輕鬆鬆、一錘定音的交易過程，也從來沒有在一帆風順的客戶聯繫過程中取得巨大成就的銷售天才。

那些被稱為最優秀的銷售人才們，無不擁有無數次被客戶拒絕的經歷：

被稱為「全美最出色的銷售員」喬·吉拉德曾經在與一位客戶保持了三年多的聯繫之後才獲得訂單，而這位最初對喬·吉拉德嚴詞拒絕的客戶竟然為他帶來了三十多位客戶。

在日本，被稱為「銷售之神」的保險銷售員原一平在拜訪一位客戶時，曾經到客戶家中 20 餘次而被拒絕進入家門；他曾經在一天之內連續訪問了十多位客戶都遭到了拒絕，而第二天他依然會精神十足地出現在客戶面前。

被稱為「全球第一金牌銷售員」的雷德曼曾經說過，「銷售，從被拒絕時開始」。在這位拿球知名的保險銷售專家看來，一名銷售員如果因為聽到客戶的幾句拒絕就輕易放棄，那麼這樣的銷售員在銷售事業上恐怕很難有光明的前途，這種輕易放棄的行為對公司和對自己來說也是極其不負責任的。

遭到客戶拒絕對於銷售人員來說是再正常不過的事情了。與那些業績平平的銷售人員相比，所謂的「銷售天才」在面對無數次的

客戶拒絕時，從來沒有想到逃避和抱怨，他們做得更多的是對客戶的拒絕表示更多的理解，並且能夠正確看待客戶的拒絕，從而找到與客戶達成交易的突破點。每當遭遇拒絕時，那些銷售能手們並不會一走了之，而是根據不同的客戶特點和環境需要設法拉近與客戶之間的心理距離，並設法瞭解客戶的真實需求。

在銷售領域，客戶的拒絕、抱怨和投訴幾乎充斥於任何一個環節當中。客戶在不瞭解其對產品的需求之前，或者在其不瞭解你所銷售的產品能為其帶來的好處之前，他們心裏想的只是怎樣保住口袋裏的錢。所以，面對銷售員，客戶會憑藉直覺首先予以拒絕。我們無法讓客戶從一開始就對我們的到來表示歡迎，並對我們的產品表示出強烈的興趣，這一點，任何一位準備從事銷售工作或者正在從事銷售事業的人都應該保持十分清醒的認識。

身為一名銷售員，必須要在每一次銷售活動之前都提醒自己：客戶提出拒絕是十分正常的，也是十分必然的，而且客戶隨時隨地都可能提出對產品或銷售員的反對意見。

既然客戶拒絕幾乎無時不有、無處不在，那我們是否就要聽之任之呢？當然不是，雖然我們不可能令客戶從一開始就喜歡上我們的產品，並且表現出強烈的購買慾望，可是我們卻可以通過自己的態度、表現和行為技巧，逐步消除客戶最初的警惕心理，增強他們對我們自身以及所銷售產品的認同，從而達到成交的目的。

銷售高手們一貫使用的方法是，即使被拒之門外，也毫不退縮，反而充滿自信並不缺少禮貌地告訴客戶：「您只要聽我說最後幾句話，就不會失去一次為公司創造效益的方法」；或者他們會誠懇地對客戶說：「只要給我 5 分鐘的時間，就等於同時也為您增加一次機

會」，等等。

二、逃避和恐懼永遠不是最有效的解決辦法

面對客戶毫不留情的拒絕和抱怨，如何逐步消除客戶對我們的警惕心理？如何改變客戶對我們的不友好態度？雖然我們不能找到一種簡單易行、放之四海而皆準的最有效方法，可是我們必須清楚：逃避和恐懼永遠不是最有效的解決辦法，它只是懦弱者臨陣脫逃的表現。

面對客戶滿臉不耐煩的拒絕，礙於顏面，很多缺乏經驗的銷售人員都會感到難堪，甚至會感到不知所措，於是便選擇了逃避，也許在他們看來，逃避似乎比直接面對種種尷尬和難堪更輕鬆得多。認真想一想，當我們為了片刻的「輕鬆」而輕易放棄眼前的銷售機會時，我們將不得不面對更為沉重的業績壓力。如果不能勇敢地面對來自客戶的拒絕，就不會有任何業績；如果沒有業績，那麼公司就會遭遇巨大的生存壓力；公司遭遇巨大壓力時，這種壓力勢必會轉嫁到我們身上，到時候恐怕連飯碗都難以保住了。

客戶的拒絕靠逃是逃不過的，即使今天倉皇逃避後不必面對客戶拒絕，可是明天客戶一樣會提出拒絕……只要存在銷售，客戶的拒絕就不會停歇。所以說，如果想要銷售成功，就要勇敢地面對無處不在的客戶拒絕，當然，在鼓足勇氣之餘，還應該正確看待並深入理解客戶的拒絕行為。大多數時候，面對客戶拒絕時勇氣越充足，對客戶的拒絕理解得越深刻，銷售成功的可能性就越大。

不管選擇怎樣的方式、方法去轉變客戶堅決拒絕的態度，至少

我們應該勇敢面對他們的拒絕。克服自己的恐懼心理，勇敢面對客戶拒絕，這是銷售人員實現成交過程中要過的第一關。

在日本保險業很有名氣的保險銷售員齊騰先生就是一位勇於面對挫折的優秀銷售員。他向五十鈴汽車公司銷售企業保險的故事，常常被用來鼓舞那些剛剛入行的銷售人員：

在齊騰先生向五十鈴汽車公司銷售企業保險之初，他曾經連續拜訪兩個多月都沒能見到該公司的總務部長。每一次齊騰先生來到五十鈴汽車公司時，前台小姐都會告訴他「總務部長正在開會」、「總務部長工作很忙」、「總務部長不在公司」等等。直到他堅持去了兩個多月之後，才終於有了和總務部長面談的機會。可是第一次面談幾乎剛剛開始就被總務部長的拒絕打斷了，他告訴齊騰：「我們公司是不會購買這種保險的，請你迅速離開！」

齊騰幾乎是被總務部長趕出辦公室的，當時的情景十分狼狽。這令齊騰感到有些委屈，可是他並沒有因此而放棄。第二天，他又向部長提交了一份更加完善的方案和資料。可是總務部長同樣拒絕了齊騰。他說：「我們公司根本就沒有必要花一大筆費用購買這種保險，請你以後不要再來了。」

齊騰並沒有因為總務部長的嚴詞拒絕而放棄，而是在今後的三年多時間裏一直與總務部長保持聯繫，先後與總務部長進行過 300 多次面談。最後，該公司終於向齊騰購買了企業保險，而且這份保險的數額是當時齊騰所在的保險公司最大的一份。

拒絕、抱怨和投訴幾乎存在於銷售過程中的任何一個環節，即使是「天才銷售員」也必須接受這樣的事實。那些在銷售領域做出

巨大成就的銷售員，並不是「幸運」地比其他人更少遭遇客戶拒絕，事實上，他們遭遇的客戶拒絕遠比我們想像得要多。他們之所以能夠創造出比普通銷售員更大的成交量、更高的銷售業績，恰恰是因為他們與拒絕自己的客戶保持長期的聯繫，同時他們能夠比普通銷售員更加勇敢地面對客戶表現出的所有不滿和不理解。

　　每一次交易都是建立在被拒絕和勇敢面對的基礎之上的，若想實現更大的成交量，首先就要勇敢地面對客戶拒絕，任何一位成功的銷售人員都是從接受拒絕開始的。

心得欄 ------------------------------

在心態上要如何因應客戶的拒絕

如果客戶不願意購買，他們會對你表示拒絕；如果客戶有一定的購買意願，他們同樣會表示拒絕，因為他們想要以更有利的條件購買更大的回報。

對所有潛在客戶的拒絕銷售員都要真誠接受，因為你不知道誰最終會成為你的大客戶，往往對你拒絕最多、讓你最想放棄的人恰恰是最有需求的客戶。

客戶的拒絕並不是可怕的惡魔，而是機會到來前的重大挑戰，接受它，你便有成功的希望，後退則前功盡棄。客戶的拒絕需要你的積極回應，有時拒絕本身就是暗示我們尋求相關的資訊，此時輕易放棄豈不大為可惜？

接受客戶拒絕是對銷售人員意志和能力的考驗，只有經得住考驗的人，最終才有可能實現交易的成功。

無論客戶拒絕的方式是怎樣的，只要他們願意進行溝通，那便是給了銷售員一次成交的機會，抓住機會，成功就不會太遠。

一、拒絕等於挑戰，機會就在其中

一項調查研究顯示，當顧客對銷售人員提出拒絕時，如果銷售

人員採取的方法得當，事先掌握的資訊比較科學準確，那麼銷售的成功率就會達到 64%；如果客戶對銷售人員的銷售活動保持沉默，不肯說出具體的拒絕理由，那麼此時銷售成功的機率就會降低大約 10%。由以上調查資料不難看出，客戶的拒絕對於銷售人員來說雖然是一道道難以逾越的坎兒，可同時也是成交之前的一項巨大挑戰，如果勇敢地接受這些挑戰，並且能夠成功將其克服，就擁有了實現成交的機會；如果不敢接受這些挑戰，面對客戶拒絕輕易退卻，很可能就會將應屬於我們的成交機會拱手讓出。

身為銷售人員，必須要樹立以下正確理念，並且要將這些正確理念堅持貫徹到每一次銷售活動當中：

每一次成交都是從拒絕開始的，要實現成交就要從接受和克服客戶拒絕開始。

客戶拒絕我們，那是他們在給我們成功銷售的機會。

如果沒有客戶拒絕，整個銷售過程將難以形成互動。

客戶拒絕固然會增加銷售人員在實現成交過程中的障礙，但是銷售人員要從這些障礙中尋找實現成交的積極因素，例如，當客戶提出具體的拒絕時，銷售人員至少可以從中獲得這樣的資訊：客戶對自身的相關需求沒有進行充分瞭解；自己此前所傳遞的資訊可能並不是客戶最關心的問題；客戶對我們的產品可能並不完全瞭解……掌握這些資訊無疑對銷售人員下一步銷售活動的順利開展具有十分積極的作用，而如果客戶在整個銷售活動中都沉默以對，閉口不提自己拒絕成交的任何理由，那麼銷售人員的下一步銷售活動將很難有的放矢地進行下去。

客戶提出拒絕實際上是在給我們以繼續銷售的機會。能否以正

確的心態接受拒絕是平庸與偉大的分水嶺，主動接受拒絕，努力應對客戶拒絕，這是銷售人員實現交易成功的關鍵；如果銷售人員無法正確面對來自客戶拒絕的挑戰，那麼他們展開的任何銷售活動都將很難收到成效。

二、避免消極狀態，要持以平常心

經驗豐富的優秀銷售員們都有著這樣的切身感受，無論客戶內心深處是否認同銷售人員的銷售活動，無論對所銷售的產品是否具有強烈的興趣，客戶都可能會尋找各種各樣的理由表示拒絕。例如：

銷售人員：「這種印表機擁有多種性能……它的複印效果更清晰，能夠充分滿足您的多種需要……」

客戶 A：「我需要和我的領導再商量一下。」

客戶 B：「這個產品的確不錯，只可惜我們公司目前還用不上它。」

客戶 C：「我們最近的生意不太好，所以沒有多餘的預算購買印表機。」

客戶 D：「過一個月以後我們再聯繫吧，現在我還沒有準備買這種東西。」

客戶對於銷售人員的拒絕理由完全可以用「形形色色」一詞來形容，每當遭遇各種各樣的客戶拒絕時，有些銷售人員總是會感到垂頭喪氣。事實上，銷售人員完全沒有必要把客戶的拒絕想像得過於可怕。因為，無論客戶內心的真實態度是怎樣的，在與銷售人員進行交流的過程當中，他們總是習慣於表示拒絕，因為各種各樣的

拒絕理由往往是他們「進可攻，退可守」的武器。站在潛在客戶的立場考慮，如果首先就對銷售人員的銷售活動表示認同，對他們所銷售的產品表現出極大的興趣，那麼，潛在客戶可能就會在整個銷售過程中處於相對被動的地位。

很多時候，潛在客戶無論以看似多麼不滿的態度、尋找多少種看似難以擊破的理由對銷售人員表示拒絕，他們其實都是在試圖爭取自己在整個銷售過程中的主動地位。因此，銷售人員對於客戶的拒絕態度實在沒有必要太過恐懼，當客戶用各種理由拒絕你的銷售時，不要消極地認為自己的銷售已經走向失敗了。

客戶提出拒絕是銷售過程中最常遇到的事情，如果每逢遭遇客戶拒絕就情緒消極、甚至輕言放棄，那麼這樣的銷售人員是很難獲得交易成功的。再者說，即便經過諸多努力仍然換不來客戶的認同，客戶仍然表示嚴詞拒絕，那也不代表你的銷售活動是失敗的，至少你可以從應對客戶的拒絕過程中獲取有價值的經驗教訓。作為一名銷售人員，每天都要面對許許多多、不同類型的客戶，不可能強求每一次交易都能成功，只要以積極的心態去展開銷售活動，確保自己已經盡了最大努力，那麼我們的銷售活動就是意義非凡的。

面對客戶拒絕，最忌消極心態，應當以一顆平常心去面對。客戶提出拒絕這一行為本身十分正常，如果你把這一十分正常的現象當成是厄運，不再抱有任何積極的希望，那麼在接下來的銷售活動中，你展現在客戶面前的必定是一副缺少自信的形象。如果連作為銷售人員的你都不能對自己以及自己所銷售的產品持以足夠的信心，那麼又拿什麼去說服客戶信賴你的產品以及你所在的公司！

當產品同質化現象日趨嚴重之時，面對越來越多的競爭對手，

很多時候，整個銷售過程不再是一個產品本身進行較量的過程，而是一個客戶與銷售人員雙方心態和技巧的較量。在這種情形下，銷售人員的心態更為積極，表現得要更有自信，向客戶傳達了更多的關注和信賴，那麼實現成交的可能性就越大。所以，面對客戶的拒絕，銷售人員必須主動接受，把最積極自信的一面充分展現在客戶面前，贏得客戶的信賴，實現交易的成功。

 心得欄 _____

要瞭解客戶拒絕的背後實情

　　客戶提出的拒絕理由往往並不是拒絕購買的真正原因。他們拒絕購買的真正原因是什麼？

　　客戶最初向你提出的拒絕原因都是推託你的藉口，如果盲目相信這些藉口，那麼你的銷售活動就失敗了。

　　即便明知客戶提出的理由並不真實，也要表示理解，這有助於拉近你與客戶的心理距離。

　　客戶的拒絕背後有著怎樣的隱情，這需要你主動地、有技巧地進行挖掘，如果你不努力，那麼很可能永遠不知道客戶拒絕你的真正原因。

　　一旦找到客戶拒絕你的真正原因，就要圍繞這些原因與客戶進行溝通，一層一層深挖下去，這是提高銷售效率的重要方式。

一、摸清拒絕的真實原因

　　美國一家諮詢機構曾經針對近 5000 名銷售人員的客戶拜訪記錄進行深入地調查和分析，最後這家諮詢機構的調查分析結果表明，在所有的銷售談話記錄當中，有 62%的客戶說出的理由並不是拒絕銷售的真正理由！可見，有近 2/3 的客戶在拒絕你的時候都隱

藏著其他因素，而這些因素也許恰恰是有助於你實現成交的有利因素。既然如此，我們為什麼不對客戶及其提出的拒絕理由進行深入分析呢？從對他們自身的需求以及對拒絕理由的分析過程中，往往能夠找到打開眼前局面的突破點，或者能夠發現實現交易成功的最佳切入點。

摸清客戶拒絕背後的真正原因，是有效克服客戶拒絕的重要前提，在很多實際銷售活動當中，潛在客戶提出的拒絕理由往往並不是真實的拒絕原因，而是一個緩兵之計、一種純粹的心理反應，甚至根本就是一個莫須有的藉口。

那麼銷售人員如何挖掘出藏在客戶拒絕理由背後的真實原因呢？這需要銷售人員做好以下幾方面的工作：

1.提前對相關資訊進行匯總

銷售人員必須對客戶的需求狀況、購買能力，以及市場上的同類產品等相關資訊進行充分調查和總結，這樣就可以在與客戶交流之前，根據具體的客戶特徵制訂相應的銷售計劃。當客戶提出具體的拒絕理由時，銷售人員就可以根據自己掌握的各種資訊進行分析，以確定客戶提出的那些拒絕理由是真實的，那些拒絕理由只是托詞。如此一來，銷售人員在與客戶進行交流時，就可以盡可能地避免在一些無謂的藉口上浪費時間和精力，從而大大提高整個銷售活動的效率，最終促進成交的及早實現。

2.認同客戶表述，鼓勵客戶表達

不論銷售人員提前對客戶的相關資訊有了多麼充分而深入的瞭解，不論客戶提出的拒絕理由多麼不符合實際，銷售人員也要盡可能地認同客戶的表述，切不可直接否定客戶提出的說法，因為那樣

只能使客戶感到憤怒，而你接下來的銷售活動將因此失去任何回轉的餘地。

認同客戶的表述，一方面可以避免銷售過程中雙方之間產生較大摩擦和諸多不愉快，從而拉近銷售人員與潛在客戶之間的心理距離；另一方面，當客戶的表述得到認同之後，他們往往會在接下來的銷售活動中表現得更為積極，至少他們能夠更加主動地表達自己對銷售人員以及對產品的各種意見，而客戶所表達的這些資訊對於銷售人員的工作具有十分重要的引導作用。如果客戶在剛剛提出某種拒絕理由的時候就受到了銷售人員的否定，那麼他們很可能會對接下來的銷售活動產生排斥心理，不願意繼續表達自己的看法，甚至沉默到底，而這對於整個銷售活動的開展都是極為不利的。

所以，銷售人員一定要鼓勵客戶表達自己內心的想法，即便他們提出的都是一些不滿和拒絕也要如此，因為只有這樣，才有可能形成溝通過程中的互動，才有機會實現成交。

3. 學會察言觀色，適度給予補償

雖然客戶最初不願意說出他們拒絕購買的真正原因，可是他們很可能會通過其他方式表露自己的心跡，例如一些假裝不經意的詢問、偶爾顯露出的感興趣的神態動作等等。銷售人員一方面可以借助有技巧的提問引導客戶說出具體的拒絕理由，也可以通過察言觀色瞭解客戶的真實想法。一旦發現客戶比較關心的問題，要迅速做出回應，給客戶以心理上的安慰和補償。如果銷售人員的安慰或補償行為充分引起了客戶的興趣，那麼就表明已經找到了客戶最關心的問題。

4. 進行相應的資訊追蹤

當銷售人員通過一系列努力瞭解到客戶的興趣所在時，就要迅速、巧妙地圍繞著客戶所關心的問題進行交流，盡可能充分地瞭解客戶關心的資訊內容，不要再顧左右而言他。

通過相應的信息追蹤，銷售人員可以進一步確定自己挖掘出的理由是否正是客戶不能下定決心購買的真正原因。如果仍然不能確定，那麼就需要銷售人員繼續努力，如果已經有了明顯的確定，那麼就要集中精力應對客戶的擔心，解決這一難題，實現客戶利益的最大化，最終實現成交。

二、客戶通常採用的拒絕方式

當面對銷售人員展開的銷售活動時，客戶通常最直觀的感覺就是受到了打擾，所以他們的第一反應往往都是如何擺脫銷售人員的銷售，而不是首先考慮自己是否具有這方面的需求。基於迅速擺脫銷售人員的立場，客戶有時會率先出擊，有時會針對銷售人員採取的具體銷售方式進行反擊，總之他們可能會隨意找一些看似合理的理由去推脫銷售人員。

例一：

銷售人員：「您好，請問您是 XX 公司的 X 經理嗎？我是 XX 公司的銷售代表……」

客戶：「您好，我是 X 經理，不過我現在正在開會，沒法與你談話……」

例二：

銷售人員：「您好，我是 XX 公司的銷售人員，我們公司新推出一種產品比較符合貴公司的需要……」

客戶：「對不起，我們剛剛訂購了一批同類產品，以後有需要會再與你們公司進行聯繫的……」

例三：

銷售人員：「X 主任，您好，昨天上午我與您電話聯繫過，這是我們公司的產品數據……」

客戶：「不好意思，過一段時間我們公司就要搬家了，等公司搬完家以後我們再談這件事好嗎……」

例四：

銷售人員：「您好，這是我的名片，上個星期我給您發過去一部份我們公司新產品的相關資訊……」

客戶：「哦，又是銷售產品的。對不起，我們有固定的採購管道，所以你不必浪費時間在我們這裏，而且我也沒有時間奉陪……」

有些客戶可能不會率先出擊，他們會根據銷售人員的具體行為方式採取相應的方式進行反擊，在這些客戶看來，這種反擊可能更加有效。這類拒絕方式往往直接針對銷售人員所在的公司或者所銷售的產品，例如：

例一：

銷售人員：「您好，這是一款多功能印表機，它比傳統印

表機更節約能耗，而且工作效率更高……」

客戶：「我最不喜歡功能太多的產品，不但用起來很麻煩，而且還容易損壞……」

銷售人員：「這款產品其實用起來十分方便，我可以幫您演示一下……」

(銷售人員進行實際操作)

客戶：「我現在用的印表機操作起來同樣簡單方便，所以根本就沒有必要再花錢買一個新的……」

例二：

銷售人員：「我們公司良好的售後服務在業內是有口皆碑的，購買我們公司的產品您大可以放心……」

客戶：「如果產品質量不好的話，售後服務的水準再高有什麼用，整天修來修去太麻煩……」

例三：

銷售人員：「您好，這款產品雖然具有多種功能，而且剛剛上市，但是它的銷售價格卻比其他同類產品更有競爭力……」

客戶：「可是據我所知，XX(舉出一家競爭對手)公司新推出的一款同類產品比你們公司的這款產品價格還要低一些……」

例四：

銷售人員：「這款產品現在正是促銷期間，如果您在一週之內購買的話，我們公司將免費贈送您價值 468 元的精美禮品

一份……」

客戶:「這種產品現在到處降價,沒有任何升值潛力,以後肯定還會降價的,還是等過一段時間買比較合適……」

客戶在拒絕銷售人員的銷售活動時往往會找出各種各樣的理由,不過細心分析就不難發現,在客戶最經常採用的拒絕理由裏面,大多數時候都是以「價格太高」、「沒有時間」、「售後服務不滿意」、「產品質量有問題」、「已經有這種產品」或者「已經有了滿意的供應商」等理由為托詞的。瞭解客戶最常採用的托詞,並把它們牢牢地記在心裏,這有助於銷售人員在以後的銷售活動中更有效地針對客戶具體的拒絕理由進行積極應對。

三、摸清客戶拒絕的具體方法

1. 直接發問法

如果你沒有辦法知道客戶是否真正的拒絕,就別拐彎抹角了,不如向客戶坦率發問,這其實沒什麼大不了的。例如:

「先生,我真的很想請您幫我一個忙。」

大多數人都會說:「當然,您說吧!」

「我相信我的回答已經令您較滿意了,而且我覺得您好像還有什麼想法瞞著我,所以我很想知道您遲疑不決的真正原因是什麼。」

「真的不為什麼,我只是需要時間來想想。」

「不,您今天一定要告訴我,究竟是什麼原因讓您感覺還有點不好。」

「嗯，好吧，我說實話，是……」——終於你的客戶說出了真正的想法。

當您獲得這條信息後，您要立刻做出答覆：「我也正想著會不會是這樣，我很欣賞您對我的坦率態度……」

這樣，一椿很可能失去的生意又有希望締結了。

所以，針對客戶的拒絕，你可以提一些問題，做一些督促和引導，來試探出他真正的想法。

「您覺得這個產品那一點像假的？」

「你認為合理的定價應該是多少呢？」

「你不喜歡它那一方面呢？是顏色，還是式樣？」

「既然你承認這產品很好，為什麼不想現在就買呢？」

客戶提出的拒絕越是沒有依據，他就越覺得難以回答你的問題；從客戶的談話中瞭解的情況越多，你就越有可能發現拒絕背後隱藏的真正反對動機。

你一定要學會發問的方法。當你運用熟練以後，你會覺得很從容。一來可以發現真正的拒絕，二來贏得思考應變的時間，以便對症下藥。

客戶：這一套計劃看起來令人覺得印象非常深刻。你一定要留一張名片給我，過幾天我會打電話給你。

銷售員：我瞭解您的立場，為什麼您想等一等，過幾天才打電話給我呢？

客戶：我做任何決定之前，總是要事先考慮清楚。

銷售員：這是很正常的反應，為什麼您總是事先詳加考慮呢？

客戶：大約 10 年前，有一個人向我銷售房屋的外壁板及防風窗戶，我不假思索地立刻簽了合約，那是一次非常可悲的錯誤，我本來應該可以避免這種錯誤的。

銷售員：我瞭解您的處境，為什麼您認為 10 年前跟一位外壁板銷售員打交道的慘痛經驗，會使您如今不能立刻展開這一套計劃呢？

客戶：嗯，那一次的經驗使我變成一個謹慎的人，我就是想慢慢來，以便確定我所作的是正確的決定。

銷售員：我能夠體會您的感受。除了這一點之外，還有沒有其他任何原因，使您不能今天就展開這一套計劃？

客戶：沒有，就只有這一點。

現在你可以知道真正的拒絕是什麼了。客戶反對立刻給你訂單的真正的理由就是，由於以往曾經被不道德的銷售員欺騙過，因而造成他過度謹慎的心理。

在和客戶交談的時候，一定不要讓客戶帶著你兜圈子，這個辦法很簡單，你只要抓住「關鍵」字眼就行：把客戶的前一個藉口所透露的關鍵字眼，作為你的下一個問題就可以了，這樣會使他無法引導你脫離主題。

客戶：過幾天再打電話給你吧。

銷售員：為什麼？你想過幾天再打電話呢？

客戶：我想再考慮考慮。

銷售員：為什麼您要考慮考慮呢？

客戶：是的，我在做任何決定之前，總是在事先要詳加考慮的。

銷售員：為什麼你總是要詳加考慮呢？

2. 留心觀察法

多數人的內心想法，會透過他的表情或者一個不經意的小動作表現出來，所以聰明的銷售員在與客戶交談的過程中要時刻注意客戶的表情和動作的變化。

有一位成績頗為突出的銷售小姐，不僅善解人意，而且十分機敏，能準確地窺見對方的思想狀況與內在意圖，當別人問到她是怎樣去把握對方沉默不語時的思想時，她回答道：「只要你留心觀察，你就會發現對方雖然沉默不語，但你從他的神態和表情變化中能夠發現內心思想感情的變化。例如在正常情況下，客戶坐著的時候總是腳尖著地的，並且靜止不動。但一到心情緊張的時候，對方的腳尖就會不由自主地抬高起來，因此，我只要看到對方腳尖是著地還是抬高，就可以判斷他的內心世界是平靜的還是緊張的。又如，在正常狀態中，吸煙的人熄滅煙蒂大都保留一定的長度，可是一到非正常的情況下，剩下的煙蒂就可能會長些。所以，如果你發現對方手中的煙蒂還很長，卻已放下熄滅了，你就要有所準備，對手可能打算告辭了。」

從這位銷售小姐的一席話中，我們可以看出她有何等觀察入微的工作作風，這也道出了她能夠成功銷售的個中奧秘。所以，你在銷售過程中要隨時觀察客戶的反應，及時對客戶的想法做出準確的判斷。

3. 重覆證實法

為了弄清客戶拒絕的原因，銷售員先要學會傾聽，然後去理解他的拒絕。當你覺得聽清楚了以後，你可以用自己的話重覆他的拒

絕，一來表示你對此的重視，二來看看自己的理解是否正確。很多銷售高手都是這麼做的。

你可以這樣重覆客戶的話：

「這麼說，你擔心這種型號也許三個月後就會過時⋯⋯」

「你是說，價格和可靠性對貴公司是非常重要的⋯⋯」

「這麼說，你認為我們的開價太高⋯⋯」

「你覺得你們沒有充足的空間⋯⋯」

如果買主回答「是的，說得對」，很好。說明你理解對了，下面照你的計劃進行。

如果他們回答說「不全是這樣」，那也好。你發現你在某一點上對他們的立場還不完全理解。那就請對方再次說明，以證實你的理解是否正確。

這時注意要鼓勵對方說話，你少說。要傾聽，要澄清，要證實，然後是去除他的否定態度和感情。接著，就說一番使其解除武裝的話：

「我能理解你的感情⋯⋯」

「這種說法很有趣⋯⋯」

「你提出了一個很好的問題⋯⋯」

「我明白你為什麼關注⋯⋯」

現在，你對拒絕也許有了完全和徹底的理解，也可能沒有。如果還沒有，那就請潛在買主進一步說明：

「你怎麼會得出這樣的結論呢？」

「是什麼問題使你產生這種看法的？」

「我覺得你這麼說是有充分理由的，能說給我聽聽嗎？」

記住，這個時候，你只要讓對方說明和澄清拒絕及其背後的原因。不要對拒絕做出答覆，繼續傾聽，甚至催促對方說出不買你產品的更多的理由：

「你還有別的問題嗎？」

「你覺得還有什麼要向你說明的嗎？」

這樣，你就能對客戶拒絕的真正原因做出正確的判斷。

4. 失去生意法

如果你什麼辦法都用過了，也沒能讓客戶說出真正的拒絕，這說明這筆生意反正你做不成了。那就練練最後一招——「失去生意法」，看看還能不能峰迴路轉。

當你很清楚已失去這筆生意時，你開始「打包」——把你的樣品、文件等放回你的公事包，處處顯示出要走人的樣子，並向客戶表達感謝，說些希望將來有機會再合作的話。

當你起身離開走到門口時，突然一轉身，你又說話了：「某某先生，我很不好意思地請問你，因為這對我的生涯有很大的意義，假如你可以回答這個問題，這對我幫助很大。」

這時候，大多數的人還是願意幫助你回答這個問題的。

然後你說：「今天沒有做成生意，但這並不要緊，我不可能做成每個人的生意。我曾經希望你買下它，因為我們的產品適合你的需要，然而你還是選擇不買它。我很難過沒有好好地解釋，讓它的優點顯現出來。假如，你可以指正我的錯誤以及我身為一名銷售員不夠盡職的地方，下次當我拜訪其他客戶時這對我而言將會有很大的幫助。」

你很有可能得到這樣的回答：「這不是你的錯，我們不想買是因

為‥‥‥」此時他們將會說出真正的原因。

　　這時你拍拍手或彈彈指頭說：「天啊！我差點就把它弄砸了！無怪乎你到現在才說出來！如果我早以你的立場考慮，我就不會做出這樣的事。我怎麼可以犯這樣的錯呢？」這時，你迅速打開公事包，回答他的拒絕，然後問他是否改變決定。也許你的最後一招就讓你做成了這筆生意。

心得欄 _____
_____
_____
_____
_____
_____

客戶提出反對意見，你要注意什麼

客戶對你銷售的產品充滿了不屑和指責，似乎產品的任何特徵都是他們挑剔的對象。此時，你應該感到高興，因為這至少表明他們已經將注意力轉移到你的產品身上了，他們挑剔產品，恰恰表明了他們對產品充滿了興趣。

反對意見往往是成交的前奏，你要在聆聽和處理客戶反對意見的同時觀察客戶的態度變化，從而瞭解客戶的心理變化。以便隨時捕捉成交時機。

當客戶開始對你的產品品頭論足之際，往往正是他們不再對整個銷售活動持以強烈反感之時，因此，你要對他們的所有反對意見都抱以熱情歡迎的態度。

注意客戶提出反對意見最多的內容，如果你能對這些內容進行有效應對，接下來就能抓住比較大的成交機會。

一、密切注意客戶的言談內容

有些時候，客戶的反對意見並不是非常直白地提出來，而是通過與競爭對手的比較表現出來的。例如，有些客戶會在誇獎競爭對手價格低廉的情況下暗示他們對你所銷售產品的價格持以不同意

見；又如，有些客戶會提出競爭對手提供的產品比你們公司提供的產品使用起來更加方便；或者，客戶還可能根據競爭對手產品的某些功能品質，對你們公司的產品提出反對意見，等等。

當客戶拿出競爭對手的種種優勢來表達自己的反對意見時，銷售人員不應該悲觀地認為「在客戶眼中，競爭對手的產品比我們的產品更令其感到滿意」，而應該堅定這樣的信心：既然客戶還沒有決定從競爭對手那裏購買產品，只要客戶與競爭對手之間還沒有簽訂合約，那麼就表明我們公司的產品在某些方面仍然具有很大的吸引力和競爭力，而我也就有機會與之成交。

有了堅定的信心和認真的工作態度，銷售人員就要根據自己之前掌握的同類產品知識確定本公司的產品與競爭對手的產品相比具有那些特定的競爭優勢；然後從客戶列舉的競爭對手當中瞭解客戶對同類產品的資訊掌握狀況；其次，要根據客戶掌握的資訊狀況，弄清競爭對手在那些方面不能滿足客戶需求；之後，銷售人員需要做的就是根據自己之前分析出的本公司產品特定的競爭優勢對客戶進行引導性的說明，讓客戶瞭解你們公司的產品比其他競爭對手更滿足他們的某些重要需求。當銷售人員從客戶需求出發，逐步讓客戶瞭解到本公司產品的獨特優勢時，客戶此前提出的那些反對意見也會因此而得到有效化解。

在銷售過程中，當遇到這類情況時，銷售人員可以參考下例中銷售人員的做法：

一家辦公用品生產廠家的銷售人員陳先生推開了某大學後勤服務部的大門，這名銷售人員是來找該大學後勤服務部的負責人宋主任的。宋主任為人嚴謹，辦事極其認真負責，雖然

這名銷售人員已經與之進行了多次溝通，可是仍然沒能說服宋主任下決心購買。而且最近陳先生得知，宋主任實際上不止與他們一個生產廠家進行聯繫，同時聯繫的還有一些強勁的競爭對手。

在這一次與宋主任的溝通過程中，宋主任向陳先生明確指出，在產品價格方面，陳先生公司的產品不如另一公司的產品價格實惠；在產品功能方面，也不如其他公司的功能更全面。針對宋主任提出的這些情況，陳先生在這次拜訪之前早就做好了充分的準備，他拿出了一份製作精美的建議書，這份內容翔實、製作優良的建議書給宋主任留下了這家公司正規、有實力、關注細節的良好印象。然後，陳先生強調了公司的悠久歷史和宏大規模，並且著重介紹了該產品高水準的性能和環保特性，因為陳先生知道宋主任一向比較注重產品的環保特性，而根據宋主任先前發表的意見以及陳先生所掌握的資訊數據，他知道其他公司的產品在這方面遠不如本公司做得好。

經過陳先生的一番說明，宋主任對他們公司及其產品有了更好的印象，不過宋主任仍然針對產品價格提出了反對意見。對此，陳先生說：「宋主任，多出的價格與公司的實力和產品的良好性能相比，您一定更注重後者。事實上，如果從長遠的角度來考慮，我們公司的產品不僅價格更實惠，而且還可以為貴校創造物超所值的巨大效益……不過，我們公司非常希望與貴校結成長期友好合作的關係，所以經過公司領導批准，我們可以為您提供最優惠的價格……這樣您應該感到滿意了吧？」

二、不要過多地糾纏於瑣碎意見當中

經驗豐富的銷售人員經常發現，有些客戶總是針對一些雞毛蒜皮的小事情發表反對意見，如產品的包裝過於傳統、產品在運輸過程中發生意外等等。客戶發表的這些反對意見有時是確實存在的，但這些問題大多數都是只要稍作努力就可以徹底解決的。

對於客戶提出的這些問題，銷售人員有時儘管進行了一次又一次的保證，甚至當場進行了有效解決，可是客戶卻依然不依不饒，抱住這些問題不放。如果出現這種情況，銷售人員不必感到懊惱，也不必因此而不知所措。此時，銷售人員最需要做的並不是陷入客戶這些問題的糾纏當中，而是要想辦法阻止客戶將這些問題繼續擴大化，迅速從這些問題中走出來，把著眼點放在最終的成交目標上，並且把客戶關注的對象引向實現成交的實質性問題上，如產品的價格、最終的成交量、交貨日期以及售後服務的保證等等。例如：

客戶：「雖然你們公司在業內具有非常廣泛的影響力，可是你們公司的這款產品還是有很多細節上的問題，看來你們公司並不如你們宣傳資料上所說的那麼有實力呀……」

銷售人員：「我知道您是這方面的專家，您肯定知道，我們公司在業界的良好口碑不是靠廣告宣傳得到的，正如您所說，我們公司在業內的廣泛影響力就是多年來公司產品和服務質量的最好說明和保證。關於您說的產品細節方面的問題，您盡可以提出來，我們公司一定會為您提供令您滿意的解決方案的。」

客戶：「我所說的細節性問題有很多，例如你拿來的這款樣品上面有一些輕微的劃痕，這個問題雖小，可是卻大大影響產品的美觀，不清楚的人還以為我買的是處理產品或二手貨呢！」

銷售人員：「原來您說的是這個問題。對不起，這是我工作上的疏忽，沒能提前為您解釋清楚。實際上，我拿來的只是樣品，與客戶進行談判時，為了讓客戶對我們的產品進行更充分的瞭解，我總是拿著它向客戶介紹相關的產品情況，由於經常移動和試用，所以造成了一點劃痕。對於您向我們訂購的產品，您大可放心，絕對不會出現這種情況，而且如果由於運輸過程中造成的產品問題，我們公司也會承擔全部責任……」

客戶：「另外，這款樣品還有一些問題……」

銷售人員：「您真是一個細心的人，您提出的這些問題以前很少有客戶提出過，這些問題對於我們有效改進工作具有非常重要的作用。您看這樣好不好，我把您提出的這些問題全部寫到訂單上，讓生產部門按照您的要求進行有效處理，這樣的話，在交貨期限之內您一定可以看到完全符合您需要的產品。那麼，能否告訴我，您對產品的交貨期還有那些具體要求嗎？」

……

當客戶拒絕時，不要與他爭論

當銷售人員控制不住自己的情緒與客戶發生爭論時，往往意味著他（她）對整個局面已經失去了有效控制——這樣的銷售必定指向失敗！

與客戶進行爭論你永遠都不可能獲勝，無論在爭論過程中你佔據了上風還是下風，在整場銷售活動中你都將輸掉交易！

不要自欺欺人地說：「爭論的目的是為了更有效地解決問題」。你必須清醒地認識到：爭論本身就是一個令人頭疼的大問題，而與客戶爭論則是火上澆油，還可能為今後的銷售活動引起一系列的麻煩。

與客戶爭論會更加激發客戶對你的不滿，這種不滿必定會延及到你所銷售的產品以至整個公司身上。

越是在客戶表達不滿的時候，你越是要為客戶提供支援和幫助，幫助他們消除不滿，促進成交的及早實現。

一、贏了辯論，輸了交易

銷售的過程其實就是一個說服客戶願意接受產品、願意與銷售人員自己以及銷售人員所代表的公司展開合作的過程。銷售人員必

須注意：在這一過程中，銷售人員的所有活動必須圍繞著「說服」這一行為展開。所謂的說服，就是要通過自己熱情、真誠的態度，以及豐富的專業知識和高水準的銷售技能，使客戶對自己所銷售的產品以及整個公司產生一定程度的認同。在這一過程當中，銷售人員會聽到很多來自客戶的反對、拒絕、不滿以及其他聲音，每當聽到這些聲音時，一些銷售人員往往忘記了「說服」一詞所具有的真正內涵，卻把爭論想當然地理解成說服客戶的一種手段。結果呢？當他們發現客戶的意見與自己的觀點發生分歧時，他們就會想盡辦法與客戶爭論出一番高低，以為如果自己在爭論中處於上風，那麼客戶就會不得不認同自己的觀點。

事實上，客戶不但從來不把爭論結果的輸贏當成是否決定進行交易的砝碼，而且在客戶看來，無論引起爭論的原因是什麼，無論雙方爭論的最終結果是什麼，他們都認為只要銷售人員參與到爭論這一行為過程當中，這些銷售人員就沒有把自己奉為上帝！忽略了客戶渴望被尊重、被關心、被理解、被滿足等情感需求。

從銷售人員最初與客戶展開聯繫，一直到整個銷售過程的結束，在這期間銷售人員所進行的一切銷售活動都是為了實現成交，而絕不是為了讓自己在與客戶的爭論中佔據上風！

在與客戶展開的一系列銷售活動當中，銷售人員切忌錯把「爭論」當「說服」。二者有著本質上的區別：

首先，二者的直接目的不同。說服的目的是盡可能地打消客戶對產品以及整個銷售活動的疑慮和不滿，從而有效地達成交易，在這一過程當中，銷售人員始終本著友好合作的態度；而爭論的目的則是為了讓自己的觀點壓過客戶的反對聲音，從而使客戶不得不認

同自己的觀點，在這一過程當中，銷售人員的態度已然由最初的友好合作轉變成為一爭高低，只不過這種態度的根本性轉變，連銷售人員自己都沒有清醒地認識到罷了。

其次，二者的結果大不相同。說服的結果往往是多樣性的，如果銷售人員的說服活動實現完全成功，那麼銷售人員與客戶之間的交易可能很快就會合作完成；如果銷售人員沒能立即說服客戶進行成交，但是通過自己真誠、耐心地努力，客戶也可能會對該銷售人員以及該公司及其產品保持良好印象，從而為今後實現成交奠定了良好基礎；有時，即便在整個銷售過程當中銷售人員的說服都歸為無效，既不能實現與客戶的成交，又不能引起客戶的興趣和好感，可是客戶也不會對這樣的銷售活動持以極其強烈的不滿。而爭論的結果往往都會指向銷售人員的失敗：如果銷售人員在爭論過程中處於下風，那麼不僅無法實現成交，而且還會引起客戶的輕視和更堅定的反對；如果銷售人員在爭論過程中處於上風，那麼客戶就會感到委屈、憤怒，惱羞成怒的客戶更不可能與那些揚揚得意的銷售人員展開任何合作。

可見，無論基於什麼樣的原因，無論爭論的結果是什麼，銷售人員一旦與客戶展開爭論，最終的結果都將指向整個交易的失敗。所以，銷售人員需要時刻銘記：客戶在任何情況下都不是爭論的對象，他們之所以與我們合作，是因為他們需要一些幫助，而我們有責任儘量使他們的需求得到滿足，只有在客戶感到滿意的同時我們才有機會提高業績、發展事業。

二、爭辨不是個好方法

進行隱秘的說服時，最怕對方一開口就說「不」，這是最不容易克服的障礙。

每個人都有自己的觀點和立場，人們從潛意識裏就不願意被別人說服。當一個人發現有人試圖說服他時，他第一個反應就是表示反對。好像只有對別人說「不」，才能顯示自己的存在，才能突出自己的地位和重要。

當一個人說出「不」字後，為了自己人格的尊嚴，他就不得不堅持到底。事後，他或許覺得自己說出這個「不」字是錯誤的，可是，他必須考慮到自己的尊嚴。他所說的每句話，必須堅持到底，所以使人在一開始的時候，就往正面走，那是非常重要的。

要想成功進行隱秘說服，在剛開始的時候，就要想辦法得到很多「是」的反應，惟有如此，他才能將聽者的心理往正面的方向引導。希臘大哲學家蘇格拉底，是個風趣的「老頑童」，他一向光腳不穿鞋。40 歲時已禿頂，可是，卻跟一個 19 歲的女孩子結婚。他對世人的貢獻，有史以來很少有人能跟他相比。他改變了人們思維的方式，直到今天，還被尊為有史以來最能影響世界的勸導者之一。

他運用了什麼方法？他曾指責別人的過錯？不，蘇格拉底絕對不是這樣做的。

他的說服技巧，現在被稱為「蘇格拉底辯論法」，就是讓對方不停地說「是」。他提出的問題中所包含的觀點，都是他的反對者所願意接受並且同意的。他連續不斷地獲得對方的同意、承認，到最後，

使反對者在不知不覺中，接受了在數分鐘前自己還堅決否認的結論。

控制雙方的情緒，想方設法避免爭辯。

充分瞭解對方的想法，找出一個雙方贊成的共同立場。

得到這個「是」字的反應，本來是個極簡單的方法，可是卻常被人們所忽略了。在大多數時候，人們喜歡通過爭辯來說服一個人。但是，爭辯的結果是，任憑你爭得面紅耳赤，往往只會激怒對方，卻不能說服他。

事實上，爭辯不是個好辦法。要說服對方，首先就是要避免爭辯。

高手往往能很輕易地說服對手。辦法是：「在開始辯論的時候，首先要找出一個雙方贊成的共同立場，這就是獲得勝利最好的方法。」

在推銷區域內，住著一位有錢的大企業家。我們公司極想賣給他一批貨物，過去那位推銷員幾乎花了 10 年的時間，卻始終沒有談成一筆交易。我接管這一地區後，花了 3 年時間去兜攬他的生意，可是也沒有什麼結果。

經過 13 次不斷的訪問和會談後，對方才只買了幾台發動機，可是我希望——如果這次買賣做成，發動機沒有毛病的話，以後他會買我幾百台發動機的。

發動機會不會發生故障？我知道這些發動機是不會有任何故障的。過了些時候，我去拜訪他。我原來心裏很高興，可是我似乎高興得太早了點兒，那位負責的工程師見到我就說：「愛力遜，我們不能再多買你的發動機了。」

我心頭一震，就問：「什麼原因？難道我們的發動機有什麼

問題嗎？」

那位工程師說：「你賣給我們的發動機太熱，熱得我的手都不能放在上面。」

很顯然，他是在找藉口，還是不想買我們的發動機。只要有一點常識的人都知道：要將手放在正在運行的發動機上，根本就是不可能的。

我知道如果跟他爭辯，是不會有任何好處的，過去就有這樣的情形，現在，我想運用讓他說出「是」字的辦法。

我向那位工程師說：「史密斯先生，你所說的我完全同意：如果那發動機發熱過高，我希望你就別買了。你所需要的發動機，當然不希望它的熱度超出電工協會所定的標準，是不是？」他完全同意。我獲得他的第一個「是」字。

我又說：「電工協會規定，一台標準的發動機，可以較室內溫度高出華氏 72 度，是不是？」

他說：「是的，可是你的發動機卻比這溫度高。」

我沒和他爭辯，我只問：「工廠溫度是多少？」

他想了想，說：「嗯——大約華氏 75 度左右。」

我說：「這就是了。工廠溫度是華氏 75 度，再加上應有的華氏 72 度，一共是華氏 147 度。如果你把手放在華氏 147 度的物體上，是不是會把手燙傷？」

他還是說「是」。

我向他作這樣一個建議：「史密斯先生，你別用手碰發動機，那不就行了！」

他接受了這個建議，說：「我想你說得對。」

我們談了一陣後，他把秘書叫來，為下個月訂了差不多 3
萬元的貨物。

愛力遜費了幾年的時間，一直進展不大，最後才知道爭辯
並不是一個聰明的辦法。應該充分瞭解對方的想法，設法讓對
方回答「是」，那才是一套成功的辦法。

三、對客戶的不滿情緒，迅速做出積極反應

幾乎所有的公司在對其內部的銷售人員進行培訓時，都會強調
與客戶進行爭論的種種不利之處。可是，即使已經對此有了一定程
度的瞭解，仍然有很多銷售人員感到在實際銷售過程中很難控制自
己與客戶之間引起爭論。當問及引起爭論的具體原因時，有著不同
銷售經歷的銷售人員都能根據自己的實際經驗總結出不同的原因。
不過，當我們把這些銷售人員提出的具體原因進行匯總時發現，在
他們提出的大多數具體原因中，似乎都在表明一種傾向性觀點：幾
乎所有的爭論都是由客戶首先發起的，或者說，客戶對於爭論的產
生要負起主要責任！

我們不能說這些銷售人員所持有的這種觀點是正確的還是錯誤
的，只能說，這種想法本身就是不負責任的。客戶沒有任何義務要
花費時間和精力去配合銷售人員所展開的任何活動，他們可以完全
按照自己的意志和情緒發表自己的觀點，表達自己的任何情緒，他
們也可以自由地選擇去認同還是反對銷售人員的觀點和行為……而
銷售人員則有責任對客戶表現出的不滿情緒迅速做出積極反應，原
因很簡單——客戶就是上帝，如果不能獲得他們的支持，那麼在競

爭如此激烈的現代商場中，任何一位銷售人員、任何一家公司都將面臨徹底失敗的結局。

當客戶表現出任何不滿的情緒時，銷售人員都要迅速做出積極反應，而不是與客戶展開爭論。記住：迅速和積極是有效消除爭議的兩大關鍵。所謂迅速，是要求銷售人員必須儘早發現客戶流露出的不滿情緒，一旦發現就要馬上採取有效措施，以免使客戶的不滿擴大化；所謂積極，就是說銷售人員要盡可能地避免表現出一切消極情緒和態度，要用積極友好的態度感染和說服客戶，以及時有效地消除客戶的不滿情緒。例如，銷售人員可以利用讚賞、支持、安慰、真誠的關心以及熱情的幫助等等安撫客戶的不滿情緒，即使當客戶在某些問題上與自己的觀點發生嚴重分歧時，也要有效控制自己的情緒，讓自己把積極、友好、樂觀的一面盡可能地展現在客戶面前，通過自己對客戶的尊重和關心讓客戶瞭解，這樣做的目的是為了增強和拓展雙方的合作關係，是為了更好地滿足客戶某方面的需求。有時，銷售人員也可以通過誠懇的道歉或請求等方式引起客戶的同情，以盡可能地避免或減少客戶發起的語言進攻，從而為自己接近客戶創造機會。具體可參考下列做法：

客戶：「你不必再來這裏了，我們公司是不可能購買這種產品的，因為我們從來沒有這方面的需求！而且你也看到了，我的工作很忙，我最不願意在工作過程中受到別人的打擾。」

銷售人員：「實在對不起，我來的確實不是時候，不過我還是懇求您給我五分鐘的時間，五分鐘之後我會自動離開的。只耽誤您五分鐘的時間，您看可以嗎？」

客戶：「我今天真的沒有一丁點兒時間……」

銷售人員：「三分鐘，您看怎麼樣？」

客戶：「好吧，不過只有三分鐘，多一秒都不可以！」

銷售人員：「當然了！就三分鐘！」

9

給客戶一個購買的理由

現代行銷學認為：銷售就是服務，即創造客戶價值。但很多推銷員關注自己太多，自己的品牌如何如何、服務如何如何，而對客戶的需求偏好、期望值、價值觀等卻關注太少。

以推銷牛奶為例，常常出現這種場景：

推銷員：「您好，我們又推出了一款新牛奶，有……的特點，您看您需要不？」

客戶：「不需要。」

推銷員：「但是我們的牛奶確實很棒……」

客戶：「這跟我有什麼關係呢？我從來不喝牛奶，可我活得很好！」

推銷員：「……」

在這裏，推銷員根本沒有考慮客戶的需求，完全是無的放矢。所以，客戶幾句話就把他打發了，這是很失敗的說服。

如果使用下面方法，就能容易被客戶接受：

推銷員觀察客戶一段時間，發現客戶缺鈣，找準合適的時間、地點，比如上樓時，對客戶說：「您當心點，看您很累，我來攙您上去。」

客戶：「謝謝你了。老了，腿腳不好了。」

推銷員：「怎麼能這麼說呢，您還要再享幾十年福呢。上點年紀的人鈣流失得快，要注意補鈣，這樣腿腳才利索。」

客戶：「可不是嗎？不過吃鈣片補充效果不是很好。」

推銷員：「喝奶效果不錯，因為人的絕大多數營養都是從飲食中獲得的。阿姨，您看這樣，我們剛好有低脂高鈣的鮮奶，您喝喝試試。」

客戶：「聽起來確實很好，那我就試試看。」

後面這位推銷員之所以能成功說服客戶，就在於他發現了「客戶缺鈣」這個要害，從而以此為切入點，找到了客戶的潛在需求。

要對於客戶進行說服式銷售，首先要瞭解客戶的需求是什麼，他們的期望是什麼，然後針對問題，通過暗示等手段，對他們進行說服。

客戶購買產品的過程其實就是他們的需求得到滿足的過程，怎樣才能讓他們購買呢？那就是抓住顧客的心理，通過他們的言行舉止，發現他們潛意識裏到底希望得到的是什麼。

聽過這樣的一個故事：

主持人將參與者分成若干小組做一個小遊戲，他讓每個小組發揮集體的才智，做一頭「羊」。等各小組完成後，大家一起參加一個「羊」產品的「展銷會」，然後看怎麼把自己的產品推銷出去。

「羊」做出來之後，每個小組都說自己的「羊」是最好的，有的說是綠色食品，沒有任何污染；有的說產自海外，品種優良；有的說白色可愛，可當寵物養；有的說……各式各樣。但是主持人告訴大家他們的銷售都是失敗的。理由是他們只管銷售，卻並不瞭解顧客的需求和想法。

不瞭解客戶就開始銷售，等於蒙著眼睛打靶——亂開槍。

比如當你帶領顧客去看你的樓盤的時候，你應該在溫馨的氣氛中，經過閒聊觀察客戶在潛意識中最關心的是什麼，最想要的是什麼。觀察他在潛意識中關心什麼，而不是你認為他關心什麼。你認為最好的，對於客戶來說並不一定非常喜歡。想把產品賣出去，就必須瞭解客戶是怎麼想的，客戶真正的需求是什麼。

顧客內心的需要，就是顧客購買商品的理由。對顧客進行隱秘的說服，就要做到你要什麼我給你什麼；而不是像平常的銷售一樣我給你什麼，你不要什麼。平常的銷售中存在的問題就是：不是客戶不想買，而是沒有瞭解客戶的需求。

沒有那一個人喜歡被別人命令，命令給人的感覺是自己不需要而被迫接受。在普通的銷售方法中，大多數業務員都是這樣做的。他們滔滔不絕地介紹自己的產品，說自己的東西是最好的，但客戶卻不以為然。你認為最好的，客戶不認為對他是最合適的。

但實際上，只有客戶認為是最好的，才是最重要的。

普通業務員的說服步驟是：首先介紹產品，也不管客戶有那些問題；介紹完畢後問客戶要不要購買，然後聽客戶的反應，如果客戶不感興趣，他還會再次介紹一下產品的特點。

而隱秘說服的方法則有些像醫院裏的醫生，醫生們的「銷售」

步驟是：第一是傾聽，聽你說一些症狀，身體有那些問題（中醫講究望、聞、問、切，醫生通過週全的瞭解，找到你產生症狀的原因）；第二才是對症下藥。

所以對於醫生的「銷售」，「客戶」們沒有抗拒。

先跟客戶接觸，慢慢建立信任，然後看看客戶有那些需求是自己產品能滿足的，而後找準時機針對需求介紹一下產品，用最快的時間成交。業務員只要理解這個模式，就可以順利開展自己的說服工作了。

隱秘說服的本質不是賣出產品，而是創造需求。

生意場上，無論規模大小，出賣的都是智慧。要記住，跟顧客交流的目的是為了說服對方，達到你所要實現的目的。如果你是一名禮品行銷人員，那麼你和顧客之間的談判，最終是要達成售出禮品的目的。因此，你是主動者，在你充分駕馭自我、統籌談判局面的同時，還得緊緊把握客戶，使他的思維朝有助於實現你的目的的方面行進。

有這樣一個有趣的說服案例：把冰賣給愛斯基摩人。

湯姆：「您好！愛斯基摩人。我叫湯姆·霍普金斯，在北極冰公司工作。我想向您介紹一下北極冰給您和您的家人帶來的許多益處。」

愛斯基摩人：「這可真有趣。我聽到過很多關於你們公司的好產品的消息，但冰在我們這兒可不稀罕，它用不著花錢，我們甚至就住在這東西裏面。」

湯姆：「是的，先生。您知道注重生活品質是很多人對我們公司感興趣的原因之一，而看得出來您就是一個注重生活品質

81

的人。我們都明白價格與品質總是相連的，能解釋一下為什麼您目前使用的冰不花錢嗎？」（讚美客戶，消除其敵對情緒。）

愛斯基摩人：「很簡單，因為這裏遍地都是。」

湯姆：「您說得非常正確。您使用的冰就在週圍，日日夜夜，無人看管，是這樣嗎？」

愛斯基摩人：「噢，是的，這種冰太多太多了。」

湯姆：「那麼，先生，現在冰上有您和我，那邊還有正在冰上清除魚內臟的鄰居，北極熊正在冰面上重重地踩踏。還有，您看見企鵝沿水邊留下的髒物嗎？請您想一想，設想一下好嗎？」（引導思維，讓客戶得出結論。）

愛斯基摩人：「我寧願不去想它。」（客戶已經得出了有利於業務員的結論：現在用的冰確實不衛生，自己需要乾淨、經濟的冰塊。）

湯姆：「這就是為什麼這裏的冰是如此……能否說是經濟合算呢？」

愛斯基摩人：「對不起，我突然感覺不大舒服。」

湯姆：「我明白。給您家人飲料中放入這種無人保護的冰塊，如果您想感覺舒服必須得先進行消毒，那您如何去消毒呢？」

愛斯基摩人：「煮沸吧，我想。」

湯姆：「是的，先生。煮過以後您又能剩下什麼呢？」

愛斯基摩人：「水。」

湯姆：「這樣您是在浪費自己的時間。說到時間，假如您願意在我這份協議上簽上您的名字，今天晚上您的家人就能享受

到最愛喝的，加有乾淨、衛生的北極冰塊的飲料。」

客戶的關鍵需求點是乾淨的冰，湯姆·霍普金斯正好抓住了這一點。

10

融洽的溝通氣氛最有利成交

溝通交流環境對於交易成功很重要，它需要你用心去創造。

盡可能營造和諧愉悅的溝通環境，只有在這樣的環境中客戶才會感到放鬆，才可能願意說出自己內心最真實的想法。

使你與客戶的交流盡可能地免受其他不利因素的影響，這樣既有助於你的銷售活動能按照計劃順利展開，又可以使客戶的注意力集中在整個銷售活動當中。

要引導客戶與你共同創造融洽的交流環境，而不要強求客戶進入你預先設置的某種環境，如果你強烈違背客戶的意願，那最後只能適得其反。

一、融洽環境要用心才能形成

在銷售成交階段，週圍環境對能否實現成交往往起著十分重要的作用。如果銷售人員在開展銷售活動的時候選擇了不恰當的銷售

環境，那麼整個銷售活動的順利開展就會受到種種環境因素的不利影響，甚至會造成銷售的失敗。例如週圍環境嘈雜紛亂，會增加銷售人員與客戶之間相互交流資訊的難度；意外事物的突然介入，很可能會改變或打亂銷售人員事先確定的銷售程序；環境中某些事物的存在，可能會使客戶的注意力不能完全集中於整個銷售活動當中；甚至某些外界環境因素的存在，還可能會改變客戶的購買決定，導致嚴重後果。

另外，如果銷售人員與客戶之間的交流氣氛不夠和諧和融洽，同樣會影響交易的完成。例如，當銷售人員拜訪客戶時，正值客戶心情不愉快，甚至正因某些事情產生憤怒情緒，那客戶的這種情緒很可能會被帶到與銷售人員的交流過程當中，這將不利於雙方之間友好合作氣氛的形成；如果銷售人員因為某些語言或行為不當引起了客戶反感，或者以前曾經與客戶有過不愉快的溝通經歷，那麼這同樣會影響成交的順利實現。

和諧融洽的交流環境和溝通氣氛對於成交的順利實現，具有十分重要的作用，對此很多優秀的銷售人員都深有體會，而一些不注重選擇和創造和諧交流環境的銷售人員，則經常遭遇成交的失敗。所以，為了實現交易的成功，銷售人員應盡可能地創造一個有益於銷售活動順利展開的環境，努力營造和諧愉悅的溝通氣氛。

銷售人員在選擇與客戶的交流環境時，既可以選擇在相對安靜的客戶接待室，也可以選擇到客戶的家中或辦公室內，有時也可以選擇環境比較好的茶室、咖啡廳或者其他場所。總之，具體的銷售地點，可以根據客戶的特點或按照客戶的要求來加以選擇和確定，對於銷售人員來說，在那些地點與客戶進行交流並不重要，重要的

是這些地點的環境氣氛最好能夠相對安靜和溫馨，當然首先要考慮這樣的環境安排是否讓客戶感到方便和滿意。

通常情況下，在客戶同意的前提下，銷售人員不妨盡可能地選擇一些不容易受到外界干擾的環境來與客戶進行交流。這樣既有助於雙方展開充分的資訊交流和回饋，也有助於銷售人員可以按照事先設定好的銷售程序順利展開各項銷售活動，同時也有助於使客戶的注意力更易於集中。

如果銷售人員在第一次約見客戶的時候，由於對客戶生活或工作環境的不熟悉，而選在了一個容易受到外界因素干擾的環境中與客戶進行交流，此時銷售人員可以根據週圍環境的實際情況，盡可能地選擇一個相對安靜的空間去溝通，或者將客戶帶到盡可能遠離干擾因素的環境當中。

銷售人員如果在約見客戶的過程中無法把握這一點，就要在拜訪客戶的時候盡可能地創造一個遠離外界干擾的交流環境，這既是對客戶的尊重，也是對實現交易的一種積極促進。

客觀環境的安靜和舒適，可以使客戶更加集中精力參與到整個銷售活動當中，不過，僅僅有客觀環境的安靜和舒適，還不足以達到有效促進客戶做出成交決定的目的，如果銷售人員能夠通過自己的切實努力，主動地創造出一種輕鬆愉悅的溝通氣氛，讓客戶在整個銷售過程當中都感到輕鬆和愉快，那麼客戶的種種反對意見往往會同時得以消除，這樣一來，實現成交將不再是難題。

良好溝通氣氛的創造並非易事，銷售人員必須要在充分瞭解客戶需求和心理特點的基礎上展開銷售活動，切勿自作聰明。如果銷售人員在創造溝通氣氛的過程中只是一廂情願地按照自己的意願進

行，而忽視了客戶的意見，最終反而很可能收到相反的效果。一位銷售人員在提到剛剛進入銷售這一行業的時候，曾經犯過這樣的錯誤：

　　通過在電話中的數次交流，終於有一位客戶答應與我當面進行交流了。這讓我感到非常興奮。我在與客戶溝通之前，首先在客戶接待室進行了一番佈置，我想要營造出一種讓客戶感到受到極大尊敬和重視的氣氛。

　　我盡了最大努力把整個客戶接待室裝飾得看上去十分豪華，我想在如此豪華的接待室裏談生意，客戶肯定會感到十分高興。

　　可是後來與客戶之間的溝通卻進行得極其艱難，客戶幾乎對我提出的所有建議都感到不滿，他臉上的表情除了一進接待室表現出的驚奇之外就一直非常嚴肅，似乎他對這次交易完全沒有興趣。可是以前在電話裏的幾次談話他對我們公司的產品一直抱有很大興趣呀！

　　我不知道問題到底出現在那裏，直到後來銷售經理從客戶口中才找到了問題的答案，原來客戶看到裝飾豪華的客戶接待室以後，認為我們公司是一家極其注重奢華外表的公司，而客戶是一位始終追求低成本、高效率的人，因此他覺得我們公司的產品一定不如另外一個生產廠家價格更實惠、性能更實在。就這樣，我失去了一個很好的成交機會，同時也失去了這位客戶。」

二、找到客戶感興趣的話題

有人認為，銷售工作就是一個需要不停說的工作。事實上，在整個銷售活動當中，銷售人員除了要通過自己的說明充分地向客戶介紹相關產品資訊，更要與客戶進行有效的互動溝通。

事實上，與客戶之間的溝通是一個需要雙方互相進行資訊交流並做出回饋的過程，在與客戶第一次進行交流時，銷售人員更要注意從客戶的語言和行為表現中挖掘出更充分、更深層次的資訊，以找到合適的成交機會。如果在第一次與客戶進行交流時，銷售人員就只是自顧自地在那裏大談公司的品牌影響力和產品卓越的性能、有競爭力的價格等，那麼這樣的銷售人員將很難受到客戶的歡迎，即使他們能夠有幸與客戶繼續進行溝通，如果他們仍舊不注意客戶的反應，那麼他們的所有銷售活動實際上都是在盲目地展開，因為他們根本就沒有弄清客戶的真實需求，也不知道客戶關注的焦點是什麼。

一些銷售人員提出，在銷售過程當中，並非是自己願意一個人在那裏不停地推薦產品，而是因為客戶根本就不願意積極地進行配合，客戶對於整個銷售活動都十分冷淡，甚至經常採取故意迴避和拒絕的態度，在這種情形下，幾乎不可能與客戶形成良好的互動關係。第一次與客戶打交道時，客戶的表現也許的確如這些銷售人員所說的那樣冷淡，不過如果銷售人員任由客戶堅持這種冷淡的態度，那麼即使自己磨破嘴皮也無法打動客戶做出成交決定。面對客戶的消極冷淡，銷售人員應該首先想辦法讓客戶願意主動提出自己

的意見、表達自己內心的真實想法。

做到這些的確很難，不過，如果銷售人員想辦法找到客戶感興趣的話題，那麼當客戶的興趣被充分激發起來以後，他們自然願意與銷售人員進行良好的互動溝通。如何才能找到客戶感興趣的話題呢？這同樣需要銷售人員在約見客戶之前就做好充分的資訊準備，瞭解客戶對那些話題感興趣，或者就最近發生的某些重大新聞拓展話題，或者先與客戶聊一聊可愛的寵物等。除此之外，銷售人員還要在推薦產品的過程中密切觀察客戶的表現，如果從客戶的語言或行為表現中找到客戶感興趣的內容，那麼不妨就這些內容迅速展開溝通，通常都會取得很好的互動效果。另外，找到客戶感興趣的話題，還有一個比較有效的方法，那就是合理利用巧妙的提問，這種方式也是優秀銷售人員經常採用的一種重要溝通手段。

在實際的銷售過程當中，銷售人員可以根據具體的情況，結合客戶的具體表現，採用合適的方式找到客戶感興趣的話題，有時也可以幾種方式一齊上陣，如下例。

辦公室機械設備公司的銷售人員在一次產品展示會上認識了一位潛在客戶，在展示會結束之後，該銷售人員始終堅持與這位潛在客戶進行聯繫，通過幾次的電話聯繫之後，潛在客戶同意與銷售人員進行一次面談。可是在面談開始之後的一段時間，銷售人員就發現這位客戶很少發表自己的意見和看法，客戶的這種表現顯然不利於成交的實現。所以，銷售人員決定首先找到客戶感興趣的話題，然後再通過客戶的資訊回饋採取相應措施展開銷售活動。於是，銷售人員就開始想辦法尋找客戶對那些話題比較感興趣。

　　銷售人員首先對產品進行了大致的介紹，在介紹過程中，他注意到客戶一直表現得心不在焉，接著他又根據客戶先前在電話聯繫的過程中比較關心的產品性能情況著重進行了一些介紹，並且又主動詢問了客戶在這方面的具體要求。

　　銷售人員：「這種產品的性能要比其他產品的性能更為卓越，因為這種產品是我們專門針對以前產品的不足進行研發的，許多用過的客戶也反應很不錯，不知道您對這個問題還沒有其他意見？」

　　客戶：「我現在也說不清楚具體的意見，我還需要進一步瞭解一下這種產品。」

　　銷售人員：「那麼您覺得還有那些問題不清楚呢？」

　　客戶：「我想知道這種產品的智慧化作業系統是否能夠達到我們的要求。」

　　銷售人員：「能說說貴公司在這方面有那些具體要求嗎？」

　　客戶：「可以。」

三、用積極表現的熱情感染客戶

　　與客戶形成良好的互動關係，這需要銷售人員在銷售過程當中充分激發客戶的積極性，要讓客戶積極主動地參與到整個銷售活動當中。雖然很多銷售人員抱怨客戶對他們以及整個銷售活動都態度消極，但是在實際銷售過程當中，那些經驗豐富的優秀銷售人員仍然能夠通過自己的努力，使客戶的消極態度得到轉變，從而使自己與客戶之間能夠形成良好的互動溝通關係。這些經驗豐富的優秀銷

售人員是如何做到這一點的呢？

　　具體到每一位銷售人員身上，具體到每一次銷售活動當中，具體到不同的潛在客戶，可以採用的方式方法各不相同。但無論採取怎樣的方式方法，銷售人員都需要堅持一條最重要的原則，那就是銷售人員自己必須在整個銷售活動當中表現出巨大的熱情和積極性，努力通過自己的積極表現去感染客戶。

　　在整個銷售活動當中保持巨大的熱情和積極性，這對於銷售人員與客戶形成良好互動關係具有很重要的作用。如果銷售人員做不到這一點，不但不能通過自己的積極和熱情感染客戶，反而很容易被客戶的消極冷淡所擊退，那麼這樣的銷售必將歸為無效。

　　在日本被稱為銷售之神的原一平在一次銷售保險的過程中就遇到了一位態度極為冷淡的客戶：

　　在給一位老客戶送理賠單的時候，原一平認識了這位客戶。雖然當時這位客戶就表示自己沒有購買保險的意向，不過原一平仍然打電話邀請這位客戶參加公司的保險專題介紹會。這位客戶一次介紹會都沒露過面，他似乎是一位根本就沒有任何成交希望的客戶。不過原一平並不打算輕易放棄。他抱著和這位客戶交朋友的心態，與這位客戶進行了多次電話聯繫。具體有過多少次電話聯繫，原一平自己也想不起來了，他只知道，每一次通電話之前，他都會盡可能地避免打擾客戶，而且每次打電話也只聊一個問題，時間大約在十分鐘左右。更重要的是，每次通電話之前，原一平都會做好充分的準備，他要讓自己的聲音聽上去充滿激情和活力，即使客戶執意拒絕他也表現得十分熱情。

　　原一平的努力並沒有白費，客戶終於同意原一平到家裏去談談。雖然約見的時間定在了傍晚時分，雖然原一平已經在外面跑了一整天，不過原一平仍然像每天清早起來一樣精神煥發地出現在了客戶面前。在離客戶很遠的地方，原一平就熱情地向客戶擺手，他像見到久違的老朋友一樣與客戶聊天兒，這讓客戶感到很舒服。原一平並沒有在一開始就提保險合約的事情，因為他知道那只能讓成交機會走得更遠。當他們談到客戶的一雙兒女時，客戶表現得相當積極，他談起了兒子幼時的淘氣和女兒的害羞……原一平始終在用激勵的話語和充滿熱情的眼神應和著客戶，有時他也會談談年輕人的能力培養和修養問題……

　　就這樣，當原一平離開的時候，這位客戶已經約好原一平明天上午到家中談為兩個孩子購買保險的具體事宜了。

心得欄

尋找與客戶的「共同語言」

業務員只要很好地把握了「在推銷產品之前，先推銷自己」這個原則，再利用一些技巧，成功地打開客戶的心理防線，讓客戶對自己產生好感，說服客戶就是自然而然的事情了。

一、接近客戶的重點是推銷自己

業務員在說服客戶之前，在他面前永遠存在著一堵牆，那就是客戶對他的排斥心理和負面看法。如何迅速地拆除這堵牆，並說服客戶購買你的產品呢？

方法就是，我們經常說的一句話：「在推銷產品之前，先推銷自己。」

在推銷生涯中，永遠都在推銷兩樣東西，首先是自己；其次才是產品。而在接近客戶的階段，我們所要推銷的一定是自己而不是產品。這個次序絕對不能顛倒。下面的這個推銷優酪乳的案例，就是一個很好的示範：

業務員：「請問您是劉老闆嗎？我是可美公司的業務員，經常路過您這裏，每次都看到您忙忙碌碌的，生意一定不錯吧？」

老闆：「唉，馬馬虎虎吧。」

92

業務員:「其實每次都想和您打個招呼,因為前面的黃老闆常常提到您。」

老闆:「你跟黃老闆認識?他說我什麼?」

業務員:「是啊,我跟黃老闆有業務來往,挺熟的。他說劉老闆為人不錯,生意也比他做得好,還讓我有空跟您聊聊呢。這不,我剛才給黃老闆補了些貨,他那裏最近走得挺快。」

老闆:「這個老黃,盡瞎說。對了,你做的是什麼產品,給老黃那裏經常送?」

業務員:「我們公司是做優酪乳的,最近推出了新品,挺不錯的。這是樣品,您可以嘗嘗。」

老闆:「口感還可以,包裝也不錯,價格怎麼樣?合適的話給我先放一點。」

二、尋找與客戶的「共同語言」

就算是剛認識的陌生人,彼此也一定有許多相同的地方:或是有共同的興趣愛好,或者是在經歷方面有相似的地方……總之,共同的話題可以有很多很多,只要你多花些心思、多一些鍛鍊,肯定能夠找得到。

業務員與客戶剛開始接觸時,可以說是萍水相逢,素昧平生。此時該怎樣與客戶溝通呢?有人感到拘束無比,羞於啟齒;有人覺得找不到共同話題,無法交談。他們或局促一角,尷尬窘迫;或欲言又止,話不成句;或說話生硬,使人誤解……

這樣的業務員,當然無法說服客戶。

　　之所以出現這種現象，除了業務員缺少足夠的勇氣和信心外，找不到共同語言也是一個重要的原因。共同語言，是與客戶交流的媒介，深入細談的基礎，開懷暢談的開端。一旦找到共同語言，就能使溝通融洽自如。

　　在一家旅店，一個旅客正悠閒地躺在床上欣賞電視節目，一個剛到達的先生放下旅行包，稍拭風塵，沖一杯濃茶，開始研究那位看電視的旅客。

　　先生說：「你好，來了很長時間了吧？」

　　旅客回答：「剛到一會兒，正看電視呢。」

　　先生：「聽口音是不是臺灣人啊？」

　　旅客：「噢，臺灣宜蘭！」

　　先生：「啊，宜蘭，好地方啊！讀小學時，我就知道了。幾年前去了一趟，還頗有興致地玩了一遭呢。」

　　接著兩個人就談了起來，那親熱勁，不知底細的人恐怕還以為他們是一道來的呢。接著就是互贈名片，一起進餐，睡覺前雙方居然還在各自帶來的合約上簽了字：宜蘭客人訂了人造皮革廠的一批產品。

　　在上面的例子中，兩位互不相識的旅客，能夠一見如故、交上朋友，就在於他們找到了共同語言。

　　可見，一個懂得溝通技巧的人，總是能找到一些有趣的話題。那怕是剛見面的陌生人，也能很順利地與之進行溝通，這就是人們常說的「自來熟」。

三、通過共同點來增進感情

在說服的過程中，在陌生的客戶身上找到共同點並不難，可這只是談話的初級階段所需要的。隨著交談內容的深入，共同點會越來越多。為了使交談更有益於對方，必須一步步地挖掘深一層的共同點，才能如願以償。

如果兩個人身上存在著一定的共同點，能夠在瞬間拉近彼此的距離。因此，業務員在與客戶談話的過程中，一定要盡可能瞭解對方的有關情況，包括文化背景，生活習慣，性情秉性，愛惡嗜好，所在地方的歷史傳統等，並從中發現共同點，

在一家大型百貨商場裏，一位老闆對營業員說：

「請你給我找特大號的這種衣服。」這位老闆是東北人，把「我」說成了地道的東北話。

幾乎就在同時，旁邊一個業務員聽了這句話，也用手指著貨架上的某一商品對營業員說了一句帶東北話的「我」，兩句話的字裏行間都滲透著東北鄉土氣息。

兩位陌生人相視一笑，各自買了要買的東西，出門就談了起來，從老家問到工作，從眼下生意談到這些年來走過的路，介紹著將來的打算。

身在異鄉的一對老鄉的親熱勁，不知情的人怎麼也不會相信是因為揣摩對方的一句家鄉話而帶來的友情。可見，細心揣摩對方的談話確實可以找出雙方的共同點，使陌生的路人變為熟人，發展成為朋友；可見，為了發現客戶身上的共同點，應該留心一些細節。

尋找共同點的方法還有很多，譬如面臨的共同的生活環境，共同的
工作任務，共同的行路方向，共同的生活習慣等等，只要仔細發現，
與陌生人無話可講的局面是不難打破的。

四、要模仿客戶的肢休語言

當兩個人所使用的語言，說話的語氣、音調、態度，呼吸方式
及頻率，表情、手勢、舉止等肢體語言都處於一種共同的狀態時，
自然會產生一種共鳴，會很直覺地認為對方與自己個性相近，並且
產生一種親切感和依賴感。

對方聳肩伸頸，你也聳肩伸頸；他們吸氣你也吸氣，他們呼氣
你也呼氣；他們的臉部有何表情時，你也和他們一樣。你這麼做可
能一開始會覺得幼稚或不習慣，但當你能模仿得惟妙惟肖時，你知
道會發生什麼結果嗎？對方會莫名地開始喜歡你、接納你，他們會
自動將注意力集中在你身上，而且覺得和你一見如故。這時候，你
就激起起了他們的潛意識，很容易就會讓他們進入一種被「說服」
的狀態。你的生意也就成功十之八九了。

如果能讓客戶看到你，就像看到他自己一樣，你就是他的一面
鏡子，則沒有人不會對「自己」感興趣。肢體動作、臉部表情及呼
吸的模仿與使用，是最能幫助你進入他人「頻道」及建立親切感的
有效方式。當你和他人談話、溝通時，你模仿他的站姿或坐姿，他
的手的擺放和肩的姿勢；有許多人在交談時慣用某些手勢，你也要
使用這些對方慣用的手勢來表達。

客戶到一個服裝店裏去買東西。客戶是個身材魁梧、豪爽

熱情的人，他一邊說話一邊揮舞手臂，還大笑著拍著業務員小夥子的肩膀。

小夥子也和他一樣，揮動手臂，並不斷拍著他的手臂（因為對方很高，夠不到他的肩膀）說：「在我們店裏，一定有你喜歡的服裝。」

客戶很快選擇了一款服裝，而且後來成了店鋪的老客戶。事後兩個人成了朋友，當談起頭一次交易的時候，客戶跟小夥子講，當時他也不知道為什麼這麼匆忙地下了決定。其實原因就是他當時已經被「說服」了。

一個人的肢體動作以及說話時的語氣、語調和語速，都是一個人下意識的行為，很多人都無法察覺，如果你在這些方面做到和對方一致，則非常容易引導對方的思維和行為。

心得欄 _____
_____
_____
_____
_____
_____

12

化解客戶拒絕的各種方法

一、比較優勢法

比較法是以自己產品的長處與同類產品的短處相比，使其優勢突出。

如果自己產品的價格確實高於客戶能比較的對手的價格，那麼你必須清楚明確地解釋自己的產品價格為什麼會這麼高。

銷售員如果能夠將競爭對手、同類生產企業和產品供應商的產品優勢和價格如實地給說出來，不用再多說什麼，其效果一定是非常好的。有時可以把這些資料寫在紙上，形成文字的東西可以客觀地顯示你的意見在相關方面的權威性。我們來看下面的例子。

客戶：我在別的商店看到一模一樣的提包，只賣 30 元。

銷售員：當然賣 30 元了，那是合成革的。皮件材料有真皮的，有合成革的，從表面看兩者極為相像。您用手摸摸，再仔細看看，比較一下，合成革那能與真皮提包相提並論？

與同類產品進行比較時，銷售員可以採用下面的方法：

方法一：分析法。

大部份的人在作購買決策的時候，通常會瞭解三方面的事：第一個是產品的品質；第二個是產品的價格；第三個是產品的售後服

務。在這三個方面輪換著進行分析，打消客戶心中的顧慮與疑問，讓客戶「單戀一枝花」。如：「××先生，那可能是真的，畢竟每個人都想以最少的錢買最高品質的產品。但我們這裏的服務好，可以幫忙進行××，可以提供××，您在別的地方購買，沒有這麼多服務項目，您還得自己花錢請人來做××，這樣又耽誤您的時間，又沒有節省錢，還是我們這裏比較恰當。」

方法二：轉向法。

不說自己的優勢，轉向客觀公正地說別的地方的弱勢，並反覆不停地說，摧毀客戶心理防線。如：我從未發現那家公司（別的地方的）可以以最低的價格提供最高品質的產品，又提供最優的售後服務。我××（親戚或朋友）上週在他們那裏買了××，沒用幾天就壞了，又沒有人進行維修，找過去態度也不好⋯⋯

方法三：提醒法。

提醒客戶現在假貨氾濫，不要貪圖便宜而得不償失。如：為了您的幸福，品質優服務好與價格便宜兩方面您會選那一項呢？你願意犧牲產品的品質只求便宜嗎？如果買了假貨怎麼辦？你願意不要我們公司良好的售後服務嗎？××先生，有時候我們多投資一點，來獲得我們真正要的產品，這也是蠻值得的，您說對嗎？

方法四：誠實法。

在這個世界上很少有機會花很少錢買到最高品質的產品，這是一個真理，告訴客戶不要存有這種僥倖心理。如：如果您確實需要低價格的，我們這裏沒有，據我們瞭解其他地方也沒有，但有稍貴一些的××產品，您可以看一下。

二、將計就計法

將計就計是指銷售員直接利用客戶拒絕進行轉化從而處理客戶拒絕的辦法。客戶拒絕具有既是成交障礙又是成交信號的兩重性。客戶拒絕提出了一個關於客戶的實際問題和看法，如果能將計就計，利用客戶拒絕正確的、積極的一面，去克服客戶拒絕錯誤的、消極的一面，就可以變障礙為信號，促進成交。

將計就計法主要是利用客戶拒絕本身，對業務有利的一面來處理拒絕，把客戶拒絕購買的理由轉化為說服客戶購買的理由。

有一位銷售員向一位餐飲業老闆銷售餐飲無線呼叫系統。

客戶拒絕說：「我們生意不好，還用這幹嗎？」

銷售員回答：「本系統就是為了減少你的經營成本，提高服務品質，提高營業額，提高回頭率，提高企業形象的。」

例如：客戶說：「價格又漲了。」

銷售員就可以說：「是的，價格是漲了，而且以後還得漲，現在不進貨，機會就丟掉了。」

這是對中間商而言，如果對最終消費客戶就該說：「再不買吃虧就更大了。」

例如，客戶說：「產品賣不出去，不敢進貨了。」

銷售員可以告訴他，那是因為他沒有買自己所銷售的產品的原因，如果買了自己所銷售的產品就有了暢銷貨，就可以帶動其他產品的銷售等。

我們在日常生活上也經常碰到類似將計就計的說辭。例如主管

勸酒時，你說不會喝，主管立刻回答說：「就是因為不會喝，才要多喝多練習。」你想邀請女朋友出去玩，女朋友推託心情不好，不想出去，你會說：「就是心情不好，所以才需要出去散散心！」這些拒絕處理的方式，都可歸類於將計就計法。

下面，再來看兩個例子。

客戶：「收入少，沒有錢買保險。」

銷售員：「就是收入少，才更需要購買保險，以獲得保障。」

客戶：「我的小孩，連學校的課本都沒興趣，怎麼可能會看課外讀本？」

銷售員：「我們這套讀本就是為激發小朋友的學習興趣而特別編寫的。」

將計就計法能處理的拒絕多半是客戶通常並不十分堅持的拒絕，特別是客戶的一些藉口，此法最大的目的，是讓銷售員能借處理拒絕而迅速地陳述他能帶給客戶的利益，以引起客戶的注意。但是，將計就計也有局限性，就是銷售員直接利用與轉化客戶拒絕，會使客戶產生一種被人利用與愚弄的感覺，因而可能引起客戶的惱怒與反感，也會引起客戶的失望或迫使客戶提出新的更難處理的拒絕。所以，使用將計就計法時應注意以下幾方面的問題：

第一，應肯定、讚美客戶，以造成良好的銷售氣氛；應做到態度誠懇、語氣熱情。

第二，認真分析和利用客戶的心理，只肯定與讚美客戶拒絕中的正確部份、積極因素。因此，銷售員應利用客戶拒絕本身的矛盾去處理拒絕。例如客戶主要擔心與疑慮的是價格的上漲，於是可以透過分析，使他明白為什麼價格上漲了反而更應該買的道理。

第三，向客戶提供正確的信息，使客戶相信自己的購買是正確的。例如，如果銷售員認為價格今後會上漲，而且自認為有較高概率時，才可以肯定地告訴客戶「以後還要漲」，絕不能欺騙客戶。當然，對於風險問題，也應向客戶說清楚。

三、巧妙報價法

1. 報價謀略

依照慣例，賣方與買方之間應由賣方先報價。先報價的好處是能先行影響、制約對方，把價格限定在一定的框架內，並在此基礎上最終達成協定。例如：銷售員報價 1000 元，那麼客戶很難奢望還價至 100 元。好多服裝商販就習慣於採用先報價的方法，而且他們報出的價格，一般要超出客戶擬付價格的一倍乃至幾倍。1 件襯衣如果能賣到 50 元，商販就心滿意足了，但他們卻報價 150 元。考慮到很少有人好意思還價到 50 元，所以，一天中只需要有一個人願意在 150 元的基礎上討價還價，商販就能贏利。

當然，銷售員先報價也得有個「度」，不能漫天要價，使對方不屑於談判。假如你自己到市場上問雞蛋多少錢 1 斤，小販回答說 100 元錢 1 斤，你還會費口舌與他討價還價嗎？

先報價雖有好處，但它也洩露了一些情報，使對方聽後可以把心中所想的價格與之比較，然後進行調整：合適就拍板成交，不合適就進行殺價。

後報價也一樣，如果客戶的報價高，你自然會大賺一筆；如果客戶的報價低，那你就會費很大的口舌去說服客戶，即使如此，你

也不會賺多少，更不用說談不攏了。

先報價和後報價各有利弊。是先報價「先聲奪人」還是後報價「後發制人」，一定要根據不同的情況靈活處理。

一般來說，如果你準備充分且知己知彼，就要先報價；如果你的客戶是行家，而你不是，那你要後報價，便於從對方的報價中獲取信息，及時修正自己的想法；如果你的談判對手是個外行，那麼，無論你是「內行」還是「外行」，你都要先報價。老練的商販大都深諳此道。當客戶是一個精明的家庭主婦時，他們就採取先報價的技術，準備著對方來壓價；當客戶是個毛手毛腳的小夥子時，他們多半會先問對方「要多少」，因為對方有可能報出一個比期望值還要高的價格。

2.報價方法

先報價與後報價屬於謀略方面的問題，而一些特殊的報價方法，則涉及技巧方面的問題。同樣是報價，運用不同的表達方式，其效果也是不一樣的。

一位銷售員向一位畫家銷售一套筆墨紙硯。如果他一次報高價，畫家可能根本不買。但他可以先報筆價，要價很低；成交之後再談墨價，要價也不高；待筆、墨賣出之後，接著談紙價及硯價，這時卻抬高價格。畫家已經買了筆和墨，自然想「配套」，不忍放棄紙和硯。這樣，銷售員獲得的利潤一點都沒有減少。

採用這種方法，是因為所出售的產品具有系列組合性和配套性，買方一旦買了零件 1，就無法割捨零件 2 和零件 3 了。

一個優秀的銷售員，見到客戶時很少直接逼問：「你想出什麼

價？」相反，他會不動聲色地說：「我知道您是個行家，經驗豐富，根本不會出 200 元的價錢，但你也不可能以 150 元的價錢買到。」這些話似乎是順口說來，實際上卻是在報價，片言隻語就把價格限制在 150 至 200 元之內。這種報價方法，既報高限，又報低限，「抓兩頭，議中間」，傳達出這樣的信息：討價還價是允許的，但必須在某個範圍之內。

此外，雙方有時出於各自的打算，都不先報價，這時，就有必要採取「激將法」讓對方先報價。激將的辦法有很多，這裏僅僅提供一個怪招——故意說錯話，以此來套出對方的消息情報。

假如雙方繞來繞去都不肯先報價，這時，你不妨突然說一句：「噢！我知道，你一定是想付 300 元！」對方此時可能會爭辯：「你憑什麼這樣說？我只願付 200 元。」他這麼一辯解，實際上就先報了價，你盡可以在此基礎上討價還價了。

要想有效地規避客戶的討價還價，巧妙地報價十分關鍵。下面介紹一些一般原則。

原則一：有針對性報價。

對那些漫無目的不知價格行情的客戶，可高報價，留出一定的砍價空間；對不知具體某一品種的價格情況，但知該行業銷售各環節定價規律的客戶，應適度報價，高低適度在情在理；而對那些知道具體價格並能從其他管道購到同一品種的客戶，則應在不虧本的前提下，儘量放低價格，留住客戶。總而言之，就是針對不同類型的客戶，報不同的價格，「到什麼山上唱什麼歌」。

首先，要向處於不同時間的客戶，有針對性報價。客戶正忙得不可開交時，你可以報價模糊。讓客戶對該品種有大概的價格印象，

詳細情況可另行約定時間商議。客戶有明確的購買意向時，你應抓住時機報出具體的價格，讓其對產品價格有一較為具體的瞭解。在同行銷售員較多，競爭激烈時，不宜報價。此時報價，客戶繁忙記不住，卻讓留心的競爭對手掌握了你的價格，成為其攻擊你的一個突破口。

其次，要在恰當的地點報價。報價是一種比較嚴肅的事情，你應選擇在辦公室等比較正規的場所進行報價，要不然會給客戶一種隨隨便便、草草了事的感覺。而且，在辦公室以外的地方談報價等工作上的事情，佔用私人時間容易引起客戶反感。

最後，要把握向誰報價。價格往往是商業交往中比較敏感的話題，對實行招標、議標的項目來說，價格更是一個秘密，所以在報價時要找準關鍵人。逢一般人「且說三分話」，遇業務一把手才可「全拋一片心」。向做不了主的人報價，只能是徒勞無益，甚至使結果適得其反。

原則二：講究報價方式。

在報價方式上，應注意三點：

首先，報最小單位的價格。例如啤酒報價，我們通常報 1 瓶的價格（1.5 元），卻不報 1 件的價格（36 元），正是這個道理。因為整件報價不易換算成單價，而且整件價目大，一時之間會給人留下高價的印象。

其次，報出平均時間單位內相應的價格，有時候直接提出一個價格會讓人感覺「太貴」，而忽略產品帶來的好處和消費過程。所以要把費用分解、縮小，以每週、每天，甚至每小時計算。

例如一張床，定價 1000 元，客戶覺得太貴，你就應換個角度

來表述：「人的一生有 1/3 以上的時間是在床上度過的，一張床至少能用 10 年，1000 元實際上就是一年之內每天花 0.2 元多一點。」

這不單單是語言技巧的問題，你要把它當作一種思維方式，讓客戶認識到價格的真正內涵是什麼。

再次，不報整數價。多報一些幾百幾十幾元幾角幾分的價格，儘量少報幾百幾十這樣的價格，一來價格越具體，越容易讓客戶相信定價的精確性；二來你可以在客戶討價還價的過程中，將零頭作為一個討還的籌碼，「讓利」給對方。

總之，報價在銷售中佔據重要地位，它處理得得當與否，關係著銷售業績的好壞，所以報價方法一定要正確運用，要靈活使用，否則就不會有好的效果，甚至會弄巧成拙。

四、暫不處理法

有時，客戶習慣於某種購買模式，習慣於對某個產品的購買與消費，因而不肯接受銷售員所銷售的產品並因此而產生拒絕。這時，銷售員企圖在短時間內改變客戶拒絕是不可能的，操之過急反而會使客戶反感或頑固堅持拒絕。在這種情況下，銷售員可以演示及證明所銷售的產品後，留下一段時間給客戶，讓客戶自我消化銷售員的銷售建議。

「暫不處理」可以使客戶有充足的時間進行考慮與決策，避免了匆忙決策帶來的弊病；可以讓客戶有時間對產品作進一步的瞭解；可以讓客戶實際對產品進行鑑定、試消費等。這樣，可以使客戶解除不少隱性拒絕。由於有充裕的時間並給予客戶以充分選擇自

由，能使客戶感到銷售員對他的尊敬與信任，因此，客戶也會信任
與尊敬銷售員，並願意購買銷售員的產品。但暫不處理法會降低銷
售效率，會給競爭對手以可乘之機，在推遲與等待過程中還會出現
一些意想不到的事情，而令前段銷售努力付之東流。

在用暫不處理法時，應注意以下問題：

首先，銷售員應把證據及可提供的資料等留給客戶，使客戶在
有時間的時候進行瞭解與學習，為客戶決策提供依據。銷售員在離
開客戶前，應總結此次面談的收穫以及客戶的遺留拒絕，應約好下
一次與客戶見面的時間與方式。

其次，銷售員應該表現出充分的信心，不要顯得猶疑不決、拖
泥帶水。要相信符合客戶需求的產品能為客戶所接受，要相信真誠
的銷售活動能獲得成果。

總之，處理客戶拒絕的方法是多樣的，應根據客戶拒絕、環境、
時間、地點等具體情況而靈活運用。同時，針對不同的客戶的拒絕
理由，既可以只採用一種方法，也可以幾種方法同時交叉使用。

五 、預防處理法

長期從事銷售活動的人就會發現，不管你如何細心和全面，客
戶肯定會對產品提出某些特定拒絕。因此，有些銷售員事先預測到
客戶會提出的一些拒絕及其內容，並搶先在客戶開口前進行處理與
解釋等，就可以先發制人，起到預防客戶拒絕的作用。而且，可以
縮短銷售洽談過程，節省時間，促進成交。

預防處理法有其獨特之處：它可以使銷售員處於主動地位；可

以令銷售員在客戶面前表現出信心；它不僅可以預防客戶可能會公開提出來的拒絕，更有利於消除不公開的拒絕。隱藏的購買拒絕，往往是客戶購買的主要障礙。如果銷售員能事先給予預防，就可以有力地促進客戶的購買，為順利成交創造良好的條件。所以說，預防是較好的客戶拒絕處理法。

但是，預防在實際上比較難以應用。首先，如果銷售員進行預先處理，即自己提出拒絕，然後給予解釋與反駁，萬一語氣與用詞不當就會使銷售員的銷售形成咄咄逼人之勢，使客戶感到心理壓力加大而無法忍受。如果客戶因此而在心理上築起抵觸的防線，成交將變得沒有希望；其次，銷售員搶先提出一些客戶拒絕，其中有客戶沒有意識到的無關拒絕，會使客戶失去購買信心，會形成拒絕的傳染與擴散，搶先處理成了授人以柄，使客戶有了拒絕成交的有效理由。

因此，預防客戶不滿時應注意：首先，銷售員必須做好充分的準備；其次，銷售員必須淡化自己提出的拒絕，以防止客戶提出新的購買拒絕。

六、補償處理法

補償處理法是銷售員利用產品的其他長處來對拒絕所涉及的短處加以彌補的一種處理方法。例如：

客戶：「這件皮裝的設計、顏色都非常棒，令人耳目一新，可惜皮的品質不是頂好的。」

銷售員：「你真是好眼力，這個皮料的確不是最好的，若選

用最好的皮料，價格恐怕要高出現在的 5 成以上。」

當客戶提出的拒絕，有事實依據時，你應該承認並欣然接受，強力否認事實是不明智的舉動。但要記住，你要給客戶一些補償，讓客戶取得心理的平衡，也就是讓客戶產生兩種感覺：產品的價格與售價一致的感覺；產品的優點對客戶是重要的，產品沒有的優點對客戶而言是較不重要的。

世界上沒有一件十全十美的產品，當然要求產品的優點愈多愈好，但真正影響客戶購買與否的關鍵點其實不多，補償法能有效地彌補產品本身的弱點。

例如，作為汽車銷售員在客戶嫌車身過短時，你可以告訴客戶「車身短能讓你停車非常方便，若你是大型的停車位，可同時停兩部車」。

補償法的運用範圍非常廣泛，效果也很實際。它與後面要講到的「但是處理法」的主要區別在於後半部份，「但是」處理法後半部份是緊接著否定客戶拒絕，而補償處理法的後半部份則是指出銷售品的優點，用以補償客戶感到的不足。它的優點首先是承認客戶的觀點，並沒有間接否定，給人以實事求是的印象增加了信任感；其次，透過對產品優點的突出，容易使客戶得到心理平衡，讓客戶感到購買此產品是合算的，有利於業務進行。

但由於補償法需要首先承認與肯定客戶拒絕，又不能及時地解決，可能會產生某種負效應，以致會引發客戶失去購買信心。濫用補償法不加區別地肯定客戶提出的拒絕，可能會導致客戶誤會，使原本無效的拒絕演變成有效拒絕；會助長客戶堅持拒絕的心理活動傾向，甚至會使客戶拒絕增多，增加成交阻力。如果銷售員不能夠

令客戶認識到雖然購買了一個有拒絕的產品，但在利益上能得到補償的話，客戶就不會購買。因此，在運用補償法時應注意以下問題：

銷售員只能承認真實的有效拒絕；其次，銷售員應該實事求是地承認與肯定客戶拒絕；

再次，銷售員必須及時提出產品與成交條件的有關優點及利益，有效地補償客戶拒絕。

七、詢問處理法

在銷售員中流行著一種「為什麼」的口頭禪，這其實是指銷售員透過對客戶的拒絕提出疑問來處理拒絕的一種策略和方法。在實際銷售過程中，有的客戶拒絕僅僅是客戶用來拒絕購買而隨手拈來的一個藉口。有的拒絕與客戶的真實想法完全不一致；有的客戶本人也無法說清楚有關購買拒絕的真實原因。總之，在某些情況下，客戶拒絕的類型、性質與真實根源很難分析判斷。這就是客戶拒絕的不確定性。

客戶拒絕的不確定性為銷售員分析客戶拒絕，排除購買障礙增加了困難，也為詢問處理法提供了理論依據。例如：

客戶：「我希望你價格再降 10%！」

銷售員：「××總經理，我相信你一定希望我們給你 100%的服務，難道你希望我們給的服務也打折嗎？」

客戶：「我希望你能提供更多的顏色讓客戶選擇。」

銷售員：「我們已選擇了 5 種最被客戶接受的顏色了，難道你希望有更多的顏色的產品，增加你庫存的負擔嗎？」

詢問處理法有不少優點。

首先，透過詢問，銷售員可以進一步瞭解客戶，獲得更多的客戶信息，為進一步銷售奠定基礎；其次，如果發問運用得好，必須帶有請教的含義，既可以使客戶提供信息，又可以使銷售保持良好的氣氛。發問使銷售員有了從容不迫地進行思考及制訂下一步銷售策略的時間；發問還可以使銷售員從被動地聽客戶申訴拒絕轉為主動地提出問題與客戶共同探討。因此，發問是一個被廣泛應用的處理客戶拒絕的方法。

但是，在銷售中，銷售員使用詢問處理法時也要注意：

首先，應採取靈活善變的方法及時追問，看準有利時機，有效地引導客戶把拒絕的真正根源講出來。

其次，要講究銷售禮儀，尊重客戶。追問的手勢、語氣、姿態，都影響到詢問的效果，應使客戶在感到受尊重和被請教的情況下說出拒絕的根源。

再次，追問客戶應適可而止。對於客戶不願意講的或者根本講不清的原因，就不要追問。

最後，應注意具體情況具體分析，靈活地運用這種方法處理拒絕。

八、轉換處境法

銷售的道路曲折漫長，在銷售中充滿著成功與失敗、順境與逆境等矛盾。只有仔細回味把握銷售挫折，才能真正領會感悟銷售的樂趣，也只有在戰勝了銷售挫折以後，才能真正走向成功。

　　有一位銷售員，為一家公司銷售日常用品。一天，他走進一家小商店裏，看到店主正忙著掃地，他便熱情地伸出手，向店主介紹和展示公司的產品，但是對方卻毫無反應，很冷漠地對待他。這位銷售員一點也不氣餒，他又主動打開所有的樣本向店主銷售。他認為，憑自己的努力和銷售技巧一定會說服店主購買他的產品。但是，出乎意料的是，那個店主卻暴跳如雷，用掃帚把他趕出店門，並揚言：「如果再見你來，就打斷你狗腿。」

　　面對這種情形，這位銷售員沒有憤怒和感情用事，並決心查出這個人如此發怒的原因。於是，他多方打聽才明白了事情的真相，原來是店裏的產品賣不出去，造成產品積壓，佔用了許多資金。店主正發愁如何處置呢。瞭解了這些情況後，他就疏通了各種管道，重新做了安排，使一位大客戶以成本價格買下店主的存貨。不用說，他受到了店主的熱烈歡迎。

　　可以看到，這位銷售員戰勝了挫折，於是他得到了成功。當然，銷售員應該明白客戶的拒絕不是能夠輕易地解決的。不過，你銷售時面對挫折所採取的方法，對於你與客戶將來的關係都有很大的影響。例如：如果根據洽談的結果，認為一時不能與他成交，那就應設法使日後重新洽談的大門敞開，以期再有機會去討論這些分歧。因此，要時時做好遭遇挫折的準備。如果你還想得到最後勝利的話，那麼在遇到暫時無法戰勝的挫折的時候，你應該「光榮地撤退」，且不可有任何不快的神色。

九、反駁處理法

反駁處理法是指銷售員根據較明顯的事實與理由直接否定客戶拒絕的一種處理方法。反駁在實際運用中可以增強銷售面談的說服力量，可增強客戶的信心，可以節省銷售的時間，提高銷售效率，可以給客戶一個簡單明瞭、不容置疑的解答。因而正確而靈活地使用反駁可以有效地處理好客戶拒絕。這種方法最好用於回答以問句形式提出的拒絕或不明真相的揣測陳述，而不用於表達已見的聲明或對事實的陳述。

如客戶焦急地問：「這種顏色在陽光下褪色嗎？」

銷售員即可回答：「不，絕對不會，試驗已多次證明，我們也可擔保。」

使用反駁法時，銷售員必須擺事實，講道理，表達否定意見態度一定要真誠而殷切，不要像是在發動攻勢，絕不能露出想發脾氣的樣子。例如：

客戶問：「這房屋的公共設施佔總面積的比率比一般要高出不少。」

銷售員：「你大概有所誤解，這次推出的花園房，公共設施佔房屋總面積的 18.2%，一般大廈公共設施平均達 19%，我們要比平均值少 0.8%。」

客戶問：「你們的售後服務風氣不好，電話叫修，都姍姍來遲！」

銷售員：「我相信你知道的一定是個別的情況，有這種情況

113

發生，我們感到非常遺憾。我們的經營理念，就是服務第一。我們在全省各地的技術服務部門都設有電話服務中心，隨時聯絡在外服務的技術人員，希望能以最快的速度替客戶服務，以達成電話叫修後兩小時一定到現場修復的承諾。」

當出現客戶對你的服務、誠信有所懷疑或客戶引用的資料不正確兩種狀況時，你必須直接反駁。因為客戶若對你企業的服務、誠信有所懷疑，你拿到訂單的機會幾乎可以說是零。例如保險企業的理賠誠信被懷疑，你會去向這家企業投保嗎？如果客戶引用的資料不正確，你能以正確的資料佐證你的說法，客戶會很容易接受，反而對你更信任。

在使用直接反駁時，銷售員在遣詞用語方面要特別的留意，態度要誠懇、對事不對人，切勿傷害客戶的自尊心，要讓客戶感受到你的專業與敬業。因為此法如果運用不好，極易引起銷售員與客戶的正面衝突，可能會給客戶心理增加壓力，甚至會激怒客戶而導致銷售失敗。如果因為直接反駁客戶而使客戶感到自尊心受傷害，那麼，即使產品再好，客戶也會拒絕購買。所以反駁法不可濫用。

十、「但是」處理法

「但是」處理法是指銷售員根據有關事實與理由間接否定客戶拒絕的一種處理方法。對客戶的某些拒絕，如果你直接反駁，會引起客戶不快。對此，你可先承認客戶的意見有道理，然後再提出不同的意見。

當客戶提出拒絕後，你回答「是的，不過……」或「是的，但

114

是……」然後再繼續說話。這種方法是間接否定客戶意見，比較委
婉。例如：

　　一位傢俱銷售員向客戶銷售木制傢俱時，客戶提出：「我對
木制傢俱沒興趣，它們很容易變形。」

　　這位銷售員馬上解釋道：「你說得非常對，如果與鋼鐵製品
相比，木制傢俱的確容易扭曲變形。但是，我們製作傢俱的木
板是經過特殊處理的，扭曲變形的係數只有用精密儀器才能測
得出。」

　　這樣一來，不僅給客戶留了「面子」，而且也以幽默的方式消除
了客戶的疑慮。

　　「但是」處理法適用於因客戶的無知、成見、片面經驗、信息
不足與個性所引起的購買拒絕。使用「但是」處理法處理客戶拒絕
時，首先表示對客戶拒絕的同情、理解，或者僅僅是簡單地重覆，
使客戶心理有暫時的平衡，然後轉移話題，對客戶的拒絕進行反駁
處理。因此，「但是」處理法一般不會冒犯客戶，能保持較為良好的
銷售氣氛；而重覆客戶拒絕並表示同情的過程，又給了銷售員一個
躲閃的機會，使銷售員有時間進行思考和分析，判斷客戶拒絕的性
質與根源。

　　「但是」處理法使客戶感到被尊重、被承認、被理解，雖然拒
絕被否定了，但是在情感與想法上是可以接受的。用「但是」處理
法處理客戶拒絕，比反駁法委婉些、誠懇些，所收到的效果也好些。
例如：

　　客戶說：「這個金額太大了，不是我馬上能支付的。」

　　銷售員：「是的，我想大多數的人都和你一樣是不容易立刻

支付的，但是如果我們能配合你的收入狀況，在你發年終獎金時，多支一些，其餘配合你每個月的收入，採用分期付款的方式的話，你支付起來就一點也不費力了。」

人有一個通性，不管有理沒理，當自己的意見被別人直接反駁時，內心總是不痛快，甚至會被激怒，尤其是遭到一位素昧平生的銷售員的正面反駁。因此，銷售員在表達不同意見時，應該儘量利用「是的……如果」的句法，軟化不同意見的口語。用「是的」同意客戶部份的意見，用「如果」表達在另外一種狀況是否這樣比較好。

請比較下面的兩種說法，感覺是否有天壤之別。

A：「你根本沒瞭解我的意見，因為狀況是這樣的……」

B：「平心而論，在一般的狀況下，你說的都非常正確，如果狀況變成這樣，你看我們是不是應該……」

A：「你的想法不正確，因為……」

B：「你有這樣的想法，一點也沒錯，當我第一次聽到時，我的想法和你完全一樣，可是如果我們做進一步的瞭解後……」

如果銷售員養成用 B 的方式表達你不同的意見，你將受益無窮。

「是的……如果……」，是源自「是的……但是……」的句法，因為「但是」的字眼在轉折時過於強烈，很容易讓客戶感覺到你說的「是的」並沒有含著多大誠意，你強調的是「但是」後面的訴求，因此，若你使用「但是」時，要多加留意，以免失去了處理客戶拒絕的原意。

「但是」處理法要求銷售員先承認客戶的拒絕，因此這可能帶來一系列的問題，會削弱銷售員及銷售的說服力量；會使客戶在心

理上增加拒絕信心；會促使客戶提出更多拒絕；甚至會使客戶喪失購買信心。由於「但是」處理法要求銷售員避免直接反駁客戶拒絕，而是要迴避客戶拒絕內容，轉換談話角度，會令客戶感到銷售員是在玩弄文字、玩弄技巧，是在迴避矛盾；進而會令客戶認為銷售員不可靠。由於銷售員要拐彎抹角地處理客戶拒絕，也增加銷售困難，降低銷售效率。

因此，銷售員使用「但是」處理法要注意以下兩個方面：

首先，明確地表示同意客戶的看法，似乎是贊成的，這樣就維護了客戶的自尊，然後在「但是」後面做文章，用有關事實和理由婉轉地否認拒絕。用這種方法可以使得客戶容易接受銷售員的否定意見。

其次，銷售完全可以用委婉的語言。用委婉的語氣、語調闡明自己看法有利於創造一個和諧的洽談氣氛。

心得欄

13

化解客戶拒絕的對策

「做好處理拒絕的準備」，是銷售員戰勝客戶拒絕應遵循的一個基本規則。銷售員在走出公司大門之前就要將客戶可能會提出的各種拒絕理由列出來，然後考慮一個完善的答覆。面對客戶的拒絕，事前有準備就可以胸中有數，從而從容應對。

一、客戶說「你們的價格不合理」時

「我想買一種便宜點的。」

「你們的價格不合理。」

「我想等降價再買。」

「太貴了，我買不起。」

這些都是價格方面的拒絕理由。在銷售實踐中，價格拒絕是最常見的，幾乎是每筆交易都會碰到的問題，因為討價還價可以說是客戶的本能。銷售員如果無法處理這類拒絕，就難以達成交易。但是，價格拒絕真是個不錯的信號，因為當客戶提出價格拒絕時，表明他對銷售產品有購買意向，只是因為對產品價格不滿意而進行討價還價。當然，也不排除以價格高為拒絕的藉口，如果只是個藉口，你應該能判斷出來。

銷售員要知道，只有客戶對某一件東西有興趣的時候，他才會說它的價格比較貴。他這樣說的目的是想要銷售員把價格往下降一降。所以，為迎合消費者的心理，不論國內還是國外，在商品價格上出現了許多「9」的尾數，例如：一件襯衣賣 9.99 元，一盞台燈價格是 19.90 元等，都是以一分之差來滿足顧客心理。每個人都有一種錯誤的觀念，一種商品若不足一元錢，他連看都不看一眼，買了便走。一種可以值 10 元以上的商品，如果不足 10 元，那就是便宜的。值 100 多元的，不到 100 元就買到了，那東西不貴。其實，產品只是少賺幾分、幾角，便可使客戶得到心理平衡，何樂而不為呢。

有時客戶提出「價格太高」的拒絕，純粹是因為銷售員的報價跟他的期望差距太大。美國摩根財團的創始人老摩根，在開小雜貨店時，每當有人來買雞蛋，總讓他老婆來揀。原來老摩根頗有心計，他老婆的手指纖細小巧，可以把雞蛋反襯得大些，他利用人的視覺誤差，巧妙地滿足了顧客的心理，生意越做越興隆。這是個很有意思的事情。老摩根只是利用了他老婆的小手指就調整了客戶的期望差距，從而使客戶願意購買。

面對客戶的價格「拒絕」，任何情緒化的表現都是不可取的：一些成功的銷售員不僅會及時識破客戶價格拒絕的藉口，而且他們會以充分的理由，徹底改變客戶的初衷，達到銷售目的。他們常用這樣一些應對方法：

1. 突出賣點

把你的產品或者構想設計成獨一無二的，根本就沒有參照的對象，你的客戶雖然會找到相似的替代品，但無法直接說你的產品或

者構想價格怎麼樣高。這需要你動一番腦筋，給自己添加一些新鮮的構想。讓客戶到那裏都找不到同樣的產品，也就是說，實行個性化生產或者個性化服務，那麼，你開出的價格就是唯一的價格。

「劉經理，我知道您覺得多付 1500 元不值得，我知道您很擔心，但我相信，一旦您穿上我們生產的西服，一定會覺得這套西服的做工、面料和款式讓你覺得您花的錢絕對值得。」

2.強調受益

把著眼點放在使用價值上，這點很重要。你可從節省費用、增加收益等入手，提示產品給客戶帶來的效益，也是打動客戶的有效方式。這需要你事先塑造好你的產品優勢。

你的產品能為對方帶來什麼好處。

例如：「是的，我知道這份建議書意味著你得增加一大筆廣告預算。但是，它會大幅度提高產品的銷量，產生更高的利潤，一句話，它會為你賺到好幾倍的錢。」

「投資 5 萬元，購買我們的設備和原料，產品的市場銷售沒有問題，按照每月的產量和產品單價計算，您實際上 3 個月就可以完全收回投資。」

3.出示底牌

如果產品確有優勢，銷售員也有把握確認客戶的購買慾望，這個時候往往可以給客戶計算產品成本。用數據說話，同時也是暗示自己的利潤，表達一種誠意，真正想要購買的客戶是能夠接受的。

「這個價位是產品目前最低的價位，已經到了底兒，您要想再低一些，我們實在辦不到。」透過亮出底牌，讓客戶覺得這種價格在情理之中，買得不虧。

120

4.置換角色

讓客戶站在銷售員的立場考慮問題，例如：「我們這筆交易的全額確實比較大，但是你們的產品使用我們提供的原材料，佔總成本的比重不到 10%。」提示客戶可以從其他更有效益的角度考慮降低成本的問題。

或者：「貴公司在市場上銷售產品是不是總用最低標價？您對價格的問題怎麼看呢？」

或者：「作為生產商，我們面臨兩種選擇：一是把產品做得越簡單、越廉價越好，這樣我們就可以用一般人想不到的低價在市場上銷售；二是站在客戶的角度設計和製造產品，盡可能滿足他們的需求，這樣的價格恐怕並不便宜。您會怎樣選擇呢？」

5.介紹非價格因素

銷售員首先肯定客戶對價格的考慮是應該的，接著提示自己的產品在價格以外的優勢，諸如品質、功能、特色、服務以及相關價值。

「我相信價格是您採購的重要考慮因素，但您認為可靠的品質、更週到的服務是否也同樣重要呢？另外，我們還專門為您配套制定了技術和產品標準，我給您介紹一下……」

6.拒絕再談

銷售員經常會遇到這種現象：客戶瘋狂砍價，沒有辦法只好終止交流，而這個時候客戶卻主動了。所以，需要注意，客戶有時瘋狂砍價是在探你的價格「底線」。此時，你可以說：「我們無論如何也不能達到您這樣的價格要求，非常抱歉。」

「您堅持的這種價格市場上或許真的有，但是我不敢想像這個價格裏面究竟包含什麼樣的售後服務。」

「本來是真誠希望和您建立合作關係，我們才考慮以優惠的方式來銷售，但為了保證產品品質和到位的服務，我們不能接受您的價格，非常遺憾。」

二、客戶說「目前沒錢買，等有錢再買」時

客戶如果缺乏支付能力，也會因此產生拒絕。對於以此作為拒絕藉口的客戶，銷售員應該在瞭解了真實原因後相機進行說服。而對於確實無錢購買的客戶，銷售員可根據具體情況，或透過說服使客戶覺得購買機會難得，協助對方解決支付能力問題，如延期付款等。當然，導致客戶在支付能力上提出拒絕，其原因是複雜多樣的，有的時候是因為真的沒錢，也有許多時候則是一種藉口。下面的兩句話，為你提供兩個辦法：

「所以嘛！我才推薦您用這種產品來省錢。」

「所以嘛！我才勸您用這種產品來賺錢。」

讓客戶知道，你的產品能夠為他省錢，或能夠為他賺錢，他就有理由購買。

如果你看得出客戶說沒錢只是藉口，那你應該見機行事。

有一個銷售員上門銷售化妝品，女主人很客氣地拒絕了：「不好意思，我們目前沒有錢買，等我有錢再買，你看行不？」

但這位銷售員看到女主人懷裏抱著一條名貴的狗，就說道：「您這隻小狗真可愛，一看就知道是很名貴的狗。」

「是呀！」

「您一定在它身上花了不少錢和精力。」

「沒錯。」女主人開心地向銷售員介紹她為這條狗所花費的錢和精力。

結果是，女主人不再說自己沒錢了，反而非常高興地買下了一套化妝品。

這個辦法你可以反覆使用，效果更好，也就是說，你可以先和客戶談小狗，當然不一定每個客戶都養只小狗讓你說事兒，但你可以稱讚他的那麼大的鑽戒，那麼豪華的客廳或辦公室，那麼高檔的西服或皮鞋等。

還有一個辦法，就是幫客戶想辦法弄到錢。錢變不出來可以湊出來，關鍵在於客戶是否真的決定要買。如果他真的喜歡你的東西的話，你要幫他想出辦法來才行。可不可以分期付款？可不可以利用貸款？可不可以向親友借一點？當然，也有真的沒有錢的客戶。對這樣的客戶就別軟磨硬泡了。

三、客戶說「我再考慮一下」時

「讓我考慮一下，下星期再給你答覆。」

「我們需要研究研究，有消息再通知你。」

當你提議成交之時，一定會有客戶作出拖延購買的決定，因為所有的客戶都知道這項技巧。他們肯定會常常說出「我會考慮一下」、「我們要擱置一下」、「我們不會驟下決定」、「讓我想一想」等諸如此類的話語。下面來看一個具體的過程：

客戶說：我要考慮一下。

你可以說：某某先生/女士，很明顯如果你對我們的產品真的沒有興趣，你不會說你要考慮一下，對嗎？說完這句話後，你一定要記得給客戶留下時間作出反應，因為他們作出的反應通常都會為你下一句話起很大的輔助作用。

這時，客戶通常都會說：你說得對，我們確實有興趣，我們會考慮一下的。接下來，你應該確認他們真的會考慮：某某先生/女士，既然你真的有興趣，那麼你會很認真地考慮我們的產品對嗎？

注意，考慮二字一定要慢慢地說出來，並且要以強調的語氣說出。客戶會怎麼說呢？因為你一副要離開的樣子，你放心，客戶會回答的。此時，你應該對他說：某某先生，你這樣說不是要趕我走吧？我的意思是你說要考慮一下不是只為了要躲開我吧！

說這句話的時候，你得表現出明白他們在耍什麼花招的樣子，在客戶做出反應之後，你一定要弄清楚並更有力地促客戶一把。你可以問他：某某先生，我剛才到底是那裏沒有解釋清楚，導致你說你要考慮一下呢？是我公司的形象嗎？

後半部問句你可以舉很多的例子，因為這樣能讓你分析出能提供給他們的好處。一直到最後，你問他：某某先生，講正經的，有沒有可能會是錢的問題呢？如果對方確定真的是錢的問題之後，你已經打破了「我會考慮一下」的定律。

而此時如果你能處理得很好，就能把生意做成。詢問客戶除了金錢之外，是否還有其他事情不好確定。在進入下一步交易步驟之前，確定你真的遇到了最後一道關卡。

但如果客戶此時仍不確定是否真的要買，那就不要急著在金錢

的問題上去結束這次的交易，即使這對客戶來說是一個明智的金錢決定。如果他們不想買，他們怎麼會在乎它值多少錢呢？

總之，客戶會由於種種原因，希望拖延購買時間，有的是由於手頭資金不足，有的是尚未醞釀成熟是否購買，有的是身邊還有存貨，也可能是因為價格、產品或其他方面不合適。有的則是一種推諉的藉口，因此，你要作具體分析，區別對待。

1.緩兵之計

如果客戶確實因為有困難而不能馬上決定，恐怕你真的必須耐心等些時間。但如果條件允許，你也可以試著和對方簽訂合約，先把貨物送交買主，然後再約定收款時間。要不，先把產品的說明書交給客戶，過幾天之後，再去訪問。還可以臨走時扔下一句話，讓你的客戶朋友先琢磨著。

2.打消客戶的顧慮

如果是客戶怕上當受騙，你可以努力打消客戶的疑慮，堅定客戶的信心。

「我願意給你開一張 90 天的遠期支票。也就是說，在 30 天左右您可以拿到貨，然後還有 60 天的試用時間，如果您覺得不佳，可以把我的支票兌現，這樣，您就不必比平常花的錢多了。」

3.增加客戶的緊迫感

如果客戶有意購買，卻一時拿不定主意，你就要幫他算筆賬，說明為什麼現在就應該買，或給他一點壓力。

「您若再往後拖延，可能買不到這麼便宜的東西了。」

「我這裏僅有最後一批貨了，何時進貨還說不上。」

銷售員可以利用良機激勵客戶。這些良機可以是產品短缺、特價優惠及其他優惠條件等。但這種良機必須確有其事，切切不可進行欺騙。

4.幫客戶考慮

你如果判斷出這只是客戶的腦子有點亂，一時拿不定主意時，那你就幫客戶理出頭緒，下定決心。

你可以這麼說：「當然，先生，我很瞭解您這樣的想法，但是我想，如果您還想再考慮，一定因為還有一些疑點不是很確定，我這樣說對不對？」

客戶一般會回答：「是的，在我作出決定之前，還有一些問題我需要再想一想。」

你接著說：「好的，我們不妨一起把這些問題列出來討論。」然後，你拿出一張白紙，在紙上寫了「1」到「10」的數字。

「現在，先生，您最不放心的是那一點？」

不管他說什麼，把這一點寫在數字「1」的那一行，然後繼續問，把下一個問題寫在第二點。你可能會列出三到四點。當客戶再也想不出問題之後，你說：「還有沒有我們還沒想到的呢？」

如果他說沒有了，你就說：「先生，如果以上提出的問題我都能一一給您滿意的答覆。我不敢說我一定做得到，但是如果我能，您會不會購買？」

如果他的回答是肯定的，就成交。

如果他認為他還是不能馬上決定購買，你就說：「您一定還有不滿意的地方。」然後把這些新想到的考慮點再列出來。

在每解釋完一個問題之後，一定要先問客戶：「你對這點滿意了嗎？」或是「你是不是對這點完全沒有疑惑了？」然後再開始解釋下一點。

客戶也可能會斷然說道：「無論如何，我就是要再考慮。反正今天我是不會作出任何決定的。」

這時如果你仍催客戶作決定，一定會惹客戶發火。所以，你就說：「好的。請問您何時會作出決定？」

當客戶說了日期之後，你要這麼回答他：「好的，先生，我會記住這個日子，到時候再打電話給您。」

總之，如果你真的聽到你的客戶說出了「我要考慮一下」這句話，這個客戶已經是你的了。

四、客戶說「這種產品不適合我」時

「這種產品不適合我！不要！不要！」

這是一種常見的客戶反對意見，一旦客戶已經瞭解自己真實的需求，但是擔心眼下這種產品不能滿足自己的需求，必然會產生這種反對意見。也就是說，客戶對你產品的品質、規格、品種、款樣、包裝等方面提出反對意見。但是，只要客戶不斷地提出問題，他們就一直存在著購買產品的興趣。下面介紹幾種應對技巧：

1. 用「是，但是」回答

在回答客戶問題時，這是一個廣泛應用的方法。它非常簡單，也非常有效。具體來說就是：一方面銷售員表示同意客戶的意見，另一方面又解釋了客戶拒絕的原因及客戶看法的方向性。

127

由於大多數客戶在提出對產品看法時，都是從自己的主觀感受出發的，也就是說，都是帶有一種情緒的，而這種方法可以穩定客戶的看法是錯誤的。當客戶對產品產生了誤解時，這種方法是有效的。

2.突出優點弱化缺點

客戶可能提出產品某個方面的缺點，銷售員則可以強調產品的突出優點，以弱化客戶提出的缺點。當客戶提出的問題基於事實根據時，可以採取此法。

當客戶提出產品存在的問題時，可以用這種方法把銷售的阻力變成購買的動力。採用這種方法實際上是把客戶提出的缺點轉化成優點，並且作為他購買的理由。

3.介紹老客戶的體會

銷售員可以利用使用過產品的客戶給本店寄來的感謝信來說服客戶。一般說來，人們都願意聽取旁觀者的意見。所以，那些感謝信、褒揚產品的來信等，是銷售產品的活教材。

五、客戶說「別的公司產品比較好」時

「這種產品品質不可靠，我寧願要別的廠家生產的！」

「我不買你們企業的產品，我們只和知名企業打交道。」

在你的銷售生涯中，可能會經常碰到別家的產品比你的產品好之類的話。你必須首先分辨出他真的是認為別家的產品比你家的可靠，還是只是用這句話來跟你進行討價還價。瞭解客戶對你的產品的品質、服務的滿意度和興趣度，這將對你完成一筆交易有莫大的

幫助。

不過無論他是什麼態度，你用下面的成交法都能有效地激發客戶的購買慾望，除非客戶真的對你的產品和服務不感興趣。客戶也許只不過想以較低的價格購買最好的產品和服務罷了。

既然這樣，你就跟客戶說：「先生，在這個世界上我們都希望以最低的價格買到最高品質的產品。依我個人的瞭解，客戶購買時通常都會注意三件事：產品的價格；產品的品質；產品的服務。

「我從未發現有任何一家公司可以以最低價格提供最高品質的產品和最好的服務，就好像賓士汽車不可能賣到桑塔納的價格一樣，對嗎？」

說完這句話後，你最好留下時間讓你的客戶作出反應。因為你說的是不折不扣的真理，你的客戶幾乎沒有辦法來反駁你，他只能說「是」。接下來，你對你的客戶說：先生，根據你多年的經驗來看，用這個價格來購買我們的產品和服務，這是很好的生意，你說對嗎？

讓你的客戶作出回答，因為你的產品的品質和服務確實符合這樣的價格，你的客戶如果不是故意刁難，應該不會作出否定的回答。

這時你可以詢問客戶目前使用或經營的品牌和產品供應廠商，如果與你的產品類似，你就介紹你的產品的優點。若兩種產品不同，成功的希望就更大了——因為這表明客戶的產品供應拒絕並不成立。這時你可以著重說明兩種產品的不同點，詳細向客戶分析你的產品會給他帶來什麼樣的新利益。

六、客戶說「我們有固定的進貨管道」時

產品供應拒絕是指客戶認為不應該購買你的產品的一種反對意見。例如「我們有固定的進貨管道」,「我用的是某某公司的產品」,等等。客戶提出產品供應拒絕,表明客戶願意購買產品,只是不願向你的公司購買。當然,有些客戶是利用產品供應拒絕來討價還價的,甚至利用產品供應拒絕來拒絕銷售員的接近。對此,銷售員應認真分析產品供應拒絕的真正原因,採用恰當的方法來處理產品供應拒絕。

乍一看,產品供應拒絕似乎是不可克服的,甚至讓人感到沒面子,但從積極的方面看,產品供應拒絕本身又說明客戶對銷售的產品是需要的,也就是說,你還有機會。你可以這樣做:

1. 突出產品的獨特優勢

產品的獨特優勢是最有說服力的廣告,用戶最信服的是自己親眼看到的。

某銷售員銷售一種席夢思床墊,初時銷售冷落,寂寂無聞。後來,他把產品運到一個大廣場,鋪在大街上,當眾用一輛載重 10 噸的卡車碾壓,而床墊毫髮不損,頓時他的產品名噪全城。不到半年,他的席夢思床墊暢銷幾十個大中城市。

產品的獨特優勢也能夠輕而易舉地達到說服用戶的目的。

聞名遐邇的世界名錶「西鐵城」問世之初,並沒受到消費者賞識。如何打開這一局面呢?常用的廣告宣傳與雄踞世界手錶業霸主百年的對手競爭,一時難以奏效,必須用重型炸彈才能攻進這一堅

固的城堡。

於是，「西鐵城」發出一條令人咋舌的消息：某日將有一架飛機在某地拋下一批手錶，誰拾到歸誰。果然，時刻到了。一架直升機飛臨好奇而來的人群上空，在百米高處向就近空地上撒下一片「錶」雨。人們急奔過去撿錶，發現這些「大難不死」的手錶居然走動正常，無不為這些錶的精良耐用吃驚。沒多久，「西鐵城」的名聲大振，震動了整個鐘錶業。

2.讓客戶認識你和你的公司

客戶可能會說：「我們從沒聽說過你們的公司和產品，我們只和知名企業打交道。」

這時，你不妨舉例證實你們公司的產品的優質，以爭取客戶的認可和信任；還可以提供你們與其他大企業合作的資料；可以要求客戶試用你的產品，承諾品質保證、賠償擔保；可以勸說客戶到公司進行實地考察，等等。

你還應該用簡練的語言向客戶講清企業的情況、取得的成績、發展前景如何等，儘量解除客戶因不瞭解你的公司而產生的疑慮。

銷售員小夏所在的公司是家新興企業，年生產啤酒 10 萬噸，它生產的啤酒，酒色清亮，味道醇美，非常暢銷。可是，他的客戶說：「我們從沒聽說過你的公司和產品，怎麼敢買你的產品呢？」

小夏決定帶客戶到廠裏看看：廠裏的主要設備都是從德國引進的，在國內是最先進的。他們還花了 35 萬美元進口了一套國際先進的檢測設備，成立了啤酒檢測中心。他向客戶詳細介紹了自己廠的設備、規模、生產能力，特別介紹了本廠的啤酒

131

已經出口的情況。

這時，客戶非常吃驚道：「真沒想到你們廠這麼大，設備這麼先進！」於是馬上決定購買。

七、客戶說「我不買你們的產品」時

如果客戶說，「對不起，請貴公司另派一名銷售員來」，「我要買小林的」，「我不買你們公司的產品」，等等，此時，銷售員應該快速作出判斷，是不是客戶對你或是你的公司產生了感情性的反應。因為有些客戶不肯買產品，只是對某個銷售員或公司有意見：可能是不那麼喜歡你，也許是因為不喜歡你說話的聲音；也許是不喜歡你們公司，因為你們公司的一位銷售員曾經冒犯過他，等等。對此，銷售員應對客戶以誠相待，與其多進行感情交流，爭取客戶的諒解和合作。

對於感情性的拒絕，客戶通常不會直接說他不喜歡你或你的公司。因此，開始的時候，你應該判斷此種拒絕是否是感情性拒絕。來看下面的一個例子。

銷售員：你好，我是××。

客戶：誰？

銷售員：我是××。上週六晚上我們在××見過面。

客戶：哦，是你呀！

銷售員：我們今天晚上可以聚一聚嗎？

客戶：恐怕不行啊。今晚我有事要辦。

銷售員：哦。那麼，明天晚上怎麼樣？

客戶：也不行，我要參加合唱隊排練。

銷售員：唱歌？我也喜歡合唱。也許我可以和你一起去參加合唱隊排練。

客戶：那不可能。合唱隊不讓我們帶客人去。

銷售員：那麼後天呢？

客戶：真抱歉，那天晚上要上課。

看得出，你解決了一個拒絕，他就又提出一個……幾個回合下來，你就應當開始推測，這不是事實或邏輯上的問題，可能是感情和關係上的問題。銷售員遇到感情拒絕會比較麻煩，比較可行的辦法是：

1. 酌情承認

如果你的公司確實從前有點對不住客戶，傷了客戶的感情，那你就承認錯誤，然後繼續往下說。但是不要超出客戶說的內容，沒有必要把家醜說出來。客戶知道的，你就承認，客戶不知道的，沒必要告訴客戶。

客戶：這件事我不想聽。三年前我給貴公司打過電話，可是沒有人給我回音。後來我打電話給你們的競爭對手，他們第二天下午就派人來了。現在我的生意全都跟他們做。

銷售員：我能理解你的感情，發生那種事，我感到很抱歉。但是我可以告訴你，那種情況將來是不會再有了。我給你留個電話號碼，如果你需要什麼，直接給我打電話。

你心裏明白，三年前你們公司確實一團糟。可是現在管理得相當不錯。但你不要說：「你說得對，當時我們的確很糟糕，現在不是好了嗎？」因為客戶只知道他的電話沒得到回音，並不知道你們當

時真的很糟。

2.用「感覺─感受─發現」法

「感覺─感受─發現」句式，是擺脫感情拒絕的經典技巧。一家錶帶公司的銷售員，正試圖說服一家服裝店經理銷售他們的產品。

經理：我想我對此沒有興趣。像這樣的產品，在本店是沒有銷路的。我從來沒有賣過錶帶，也從來沒有那一位客戶來買過錶帶。(很明顯這種拒絕是感情上的，原因是經理對銷售錶帶的前景並不看好。)

銷售員：我知道你有什麼感覺。我們的許多客戶都有此感受，但是他們發現他們一週的平均銷售額在 1000 元以上。

在這個技巧中，「感覺」一詞用以解除對方武裝，「感受」一詞用來說明你理解他們的感情，而「發現」一詞說的是其他人成功的故事，能使談話轉向事實和內容。當然你不要總把這三個詞一成不變地掛在嘴邊，讓人看透就沒勁了。你可以把它們合到一起說：

「這一點說得好。事實上，上個月剛有一位時裝店經理對我說過這個。但是我們還是放在她的店裏賣……」

「你有這種想法我能理解。我要說的是，我的客戶當中有一半起初也是有保留的。不過讓我把這些銷售數字報給你……」

3.話題轉向事實和內容

把談話從關係問題上引開，轉向事實和內容，由於談話的中心是具體行動，所以將會消除否定情緒，避免感情拒絕。

把談話從情感問題上引開，轉向事實和內容。

一家報紙的銷售員向一家商店經理提了個建議，讓這家店

在每個出口放一些報紙。

銷售員：只要你在每個出口放一個報架，一個星期就可售出 300 份左右，多賺 1000 多元。

經理：你的意思是，人們會讀這些垃圾？(從這裏可以聽出這位經理帶有感情性的因素。)

銷售員：當然會讀。尤其是到店裏來買東西的那些高收入者。我認為你應該把報架放在這兒。你看這不是挺好的嗎？要不，你看是不是把它再挪近一些？

銷售員最後拖要地說幾句，那個經理的回答既沒有拒絕，也沒有提出拒絕。這只能有一種結果：成交！

客戶的拒絕原因是多種多樣的。一定要認真分析這些理由的真假，以免出現無效工作或是放棄機會的情形。總之，銷售員處理客戶拒絕的目的就是要把客戶拒絕轉化為成交，即讓客戶拒絕的意願動搖，銷售員就乘機跟進，促使客戶接受自己的建議，最後實現成交。

心得欄

14

識別客戶所發出的成交信號

　　許多銷售談判最終失敗的結果，並不是因為沒能有效地說服客戶進行購買造成的，很多時候，客戶已經做好了購買的決定，可是你卻沒能及時發現他們發出的這些成交信號，結果大好的成交機會就這樣被你輕易錯過了。

　　客戶很可能會通過某些語言上的交流流露出一定的成交興趣，你要隨時注意客戶的這些語言信號。

　　隨時做好準備接收客戶發出的成交信號，千萬不要在客戶已經做好成交準備的時候你卻對客戶發出的信號無動於衷。

　　有經驗的銷售人員可以從客戶的某些行為和舉動方面的變化有效地識別成交信號，如果你能夠做到多觀察、多努力、多詢問，那你也會獲得這種寶貴的經驗。

　　在把握客戶發出的成交信號時，你要堅持「寧可信其有，不可信其無」的基本原則。

一、客戶會透漏出成交信號

　　無論是在與客戶進行正式的銷售談判過程中，還是在銷售人員開展的其他銷售過程當中，當客戶有意購買時，他們通常都會因為

內心的某些疑慮而不能迅速做出成交決定，這就要求銷售人員必須要在銷售過程當中密切注意客戶的反應，以便從中準確識別客戶發出的成交信號，做到這些可以有效地減少成交失敗的可能。及時、準確地利用客戶表露出的成交信號捕捉成交機會，必須要靠銷售人員的認真觀察和細心體驗，在銷售過程中一旦發現成交信號，應及時捕捉，並迅速提出成交要求，否則將很容易錯失成交的大好機會。

在銷售過程當中，客戶最容易通過語言方面的表現流露出成交的意向，經驗豐富的銷售人員往往能夠通過對客戶的密切觀察，及時、準確地識別客戶通過語言資訊發出的成交信號，從而抓住成交的有利時機。銷售人員可以從客戶表達的那些語言資訊中準確捕捉到成交的信號呢？

1. 某些細節性的詢問表露出的成交信號

當客戶產生了一定的購買意向之後，如果銷售人員細心觀察、認真揣摩，往往可以從他（她）對一些具體資訊的詢問中發現成交信號。例如，他們向你詢問一些比較細緻的產品問題，向你打聽交貨時間，向你詢問產品某些功能及使用方法，向你詢問產品的附件與贈品，向你詢問具體的產品維護和保養方法，或者向你詢問其他老客戶的反映、詢問公司在客戶服務方面的一些具體細則，等等。在具體的交流或談判實踐當中，客戶具體採用的詢問方式各不相同，但其詢問的實質幾乎都可以表明其已經具有了一定的購買意向，這就要求銷售人員迅速對這些信號做出積極反應，例如：

例一：

客戶：「我還從來沒有用過這種產品，那些使用過的客戶感覺用起來方便嗎？」

銷售人員：「當然了，操作簡單、使用方便是這種新產品的一個重要特點。以前也有一些客戶在購買之前怕使用起來不方便，可是在購買之後他們覺得這種產品既方便又實用，所以已經有很多客戶長期到我們這裏來購買產品了，您現在就可以試一試，如果您也覺得用起來方便的話。就可以買回去好好享用它的妙處了……」

例二：

客戶：「你們在服務公約上說可以做到三年之內免費上門服務和維修，那麼我想知道，如果三年以後產品出現問題該怎麼辦？」

銷售人員：「您提的這個問題確實很重要，我們公司也一直關注這個問題。為了給客戶提供更滿意的服務，我們公司已經在各大城區都建立了便民維修點，如果在保修期之外出現問題的話，您只要給公司總部的服務台打電話說明您的具體地址，那麼我們公司就會派離您最近的便民維修點上門服務，服務過程中只收取基本的材料費用而不收取任何額外的服務費……」

2.某些反對意見表露出的成交信號

有時，客戶會以反對意見的形式表達他們的成交意向，例如他們對產品的性能提出質疑，對產品的銷售量提出反對意見，對產品的某些細微問題表達不滿等等。當然了，客戶有時候提出的某些反對意見，可能是他們真的在某些方面存在不滿和疑慮，銷售人員需要準確識別成交信號和真實反對意見之間的區別，如果一時無法準

確識別，不妨在及時應對客戶反對意見的同時，對客戶進行一些試探性的詢問以確定客戶的真實意圖，例如：

客戶：「這種材料真的經久耐用嗎？你能保證產品的質量嗎？」

銷售人員：「我們當然可以保證產品的質量了！我們公司的產品已經獲得了多項專利和各種獲獎證書，這一點您大可以放心。購買這種高品質的產品是您最明智的選擇，如果您打算現在要貨的話，我們馬上就可以到倉庫中取貨。」

客戶：「不不，我還是有些不放心，我不能確定這種型號的產品是否真的如你所說的那麼受歡迎……」

銷售人員：「這樣吧，我這裏有該型號產品的銷售記錄，而且倉庫也有具體的出貨單，這些出貨單就是產品銷售量的最好證明了……購買這種型號產品的客戶確實很多，而且很多老客戶還主動為我們帶來了很多新客戶，如……這下您該放心了吧，您對合約還有什麼疑問嗎？」

二、從客戶那些行為識別出成交信號

有時，客戶可能會在語言詢問中採取聲東擊西的戰術，例如他們明明希望產品的價格能夠再降一些，可是他們卻會對產品的質量或服務品質等提出反對意見。這時，銷售人員很難從他們的語言資訊中有效識別成交信號。在這種情形下，銷售人員可以通過客戶的行為資訊探尋成交的信號。例如當客戶對樣品不斷撫摸表示欣賞之時，當客戶拿出產品的說明書反覆觀看時，當客戶在談判過程中忽

然表現出很輕鬆的樣子時，當客戶在你進行說服活動時不斷點頭或很感興趣地聆聽時，當他們帶著家人或朋友一起試用產品時，或者當他們在談判過程中身體不斷向前傾時，等等。

當客戶通過其一定的行為表現出某些購買動機時，銷售人員還需要通過相應的推薦方法進一步增加客戶對產品的瞭解，例如當客戶拿出產品的說明書反覆觀看時，銷售人員可以適時地針對說明書的內容對相關的產品資訊進行充分說明，然後再通過語言上的詢問進一步確定客戶的購買意向，如果客戶並不否認自己的購買意向，那麼銷售人員就可以借機提出成交要求，促進成交的順利實現。

客戶的面部表情同樣可以透露其內心的成交慾望，銷售人員在關注客戶的語言信號和行為信號的同時，也要認真觀察客戶的表情以準確辨別其購買意向。例如，當客戶的眼神比較集中於你的說明或產品本身時，當客戶的嘴角微翹、眼睛發亮顯出十分興奮的表情時，或者當客戶漸漸舒展眉頭時，等等，這些表情上的反應都可能是客戶發出的成交信號，銷售人員需要隨時關注這些信號，一旦客戶通過自己的表情語言透露出成交信號之後，銷售人員就要及時做出恰當的回應。如下例：

在一次與客戶進行銷售談判的過程中，剛開始客戶一直緊鎖著眉頭，而且還時不時地針對產品的質量和服務提出一些反對意見。對客戶提出的問題我都一一給予了耐心、細緻的回答，同時我還針對市場上同類產品的一些不足強調了本公司產品的競爭優勢，尤其是針對客戶比較關心的服務品質方面，著重強調了本公司相對完善的客戶服務系統。在我向客戶一一說明這些情況的時候，我發現客戶對我的推薦不再是一副漠不關心的

模樣，他的眼睛似乎在閃閃發亮，我知道我的介紹說到了他的心坎兒上，於是我便趁機詢問客戶需要訂購多少產品，客戶告訴了我他們打算訂購的產品數量，我知道這場銷售很快就要成功了……」

15
要果斷建議成交

錯過一兩次成交的機會，很可能會導致本來大有成功希望的交易成為泡影，及時抓住那些有利的成交機會，可以使你的銷售具有更高效率。

如果只專注於對客戶的勸說、介紹而忽視了對成交機會的把握，那麼這樣的行為實際上就是為了手段而忽略了根本目的。

一旦發現成交時機，就要果斷提出成交要求，在不同的情境下，根據不同的客戶特點，你可以選擇不同的表達方式。

一、一開始就要追求成交

當客戶與我們在某些重大問題上的巨大爭議得到有效解決之時，客戶是否就會迅速做出成交決定呢？眾多銷售高手們多年的談判經驗表明，即使當彼此之間在某些重大問題上取得基本一致的意

141

見之後，客戶也不會輕易決定馬上成交，由於種種原因的存在，他們很可能會採取觀望態度。面對這種情形，銷售人員必須對客戶進行積極引導，將客戶消極觀望的態度轉變為積極的參與心理。基於客戶的實際需求設計多種購買方案，以方便客戶進行選擇，這是很多銷售人員在與客戶進行談判的過程中經常採用的一種方法，無數事實證明，這種方法對於成功引導客戶做出成交決定具有十分有效的作用。看下面這個銷售領域極為經典的小故事：

有兩家相鄰的早點鋪裏，一家的茶葉蛋每天都能賣出很多，而另外一家的茶葉蛋卻很少賣出去，因此如何能將茶葉蛋像鄰居一樣成功銷售出去就成了這家老闆的一塊心病。

為了解決自己的這塊心病，這家老闆從各方面找原因。最初，他以為是自己做的茶葉蛋不如對方的好吃，於是他派人從對方鋪裏買了一些茶葉蛋回來研究，可是他發現，兩家的茶葉蛋沒有任何區別，而且兩家茶葉蛋的價格也是一模一樣。那麼問題究竟出在那裏呢？這家茶葉蛋的老闆連續幾天悄悄觀察對方賣早餐時的情形，經過幾天的觀察他發現，每次有客人到鄰居店裏買早餐時，鄰居都會問他們：「您買幾個茶葉蛋？一個還是兩個？」客人們有時會買一個，有時則會買兩個，總之很少有客人不買的。

再想想自己賣早餐時的情形，這位店主恍然大悟，因為自己每次問客人的方式與鄰居不同，自己問的是：「您買茶葉蛋嗎？」客人們有時會買，有時則乾脆不買。正是因為鄰居為客人們設計了兩種可供選擇的購買方案，客人們往往會從中選擇一種，而無論客人選擇那種方案，他們最終都是會購買的……

　　銷售人員在與客戶談判的過程中同樣可以借鑑那位會賣茶葉蛋者的做法，根據客戶的各種條件，為客戶設計兩種或多種可以滿足他們需求的購買方案，這樣一來，無論客戶選擇那一種，實際上都會被你引導進入成交階段。例如：

　　例一：

　　「這幾種型號的印表機各有特點，A 種的列印效果更清晰，B 種的列印速度更快，C 種有效結合了前兩種印表機的優點，只不過價格略高一點，您覺得購買那種更適合您的需要呢？」

　　例二：

　　「您準備購買多少台這種型號的傳真機？10 台，還是 20 台？」

　　例三：

　　「我們現在簽訂合約還是在今天的慶功酒會上在眾多嘉賓面前簽訂合約？」

　　例四：

　　「貴公司旁邊的政府大樓使用的就是我們公司的產品，他們最初只是購買了一小部份產品，後來因為覺得放心可靠，現在與我們公司已經建立了長期合作的關係，現在只要他們有這方面的需要都會與我們公司聯繫……貴公司也可以先購買一小部份產品，如果覺得滿意咱們就再增加合約量，您覺得怎麼

樣？」

例五：

「您一定知道 XX 公司一向對供應商要求嚴格，經過長時間的考查，該公司最終選擇了與我們公司進行合作，現在我們已經與這家公司連續友好合作五年多了……這雖然是第一次與貴公司合作，不過我相信我們以後肯定也會保持長期合作的。」

例六：

銷售人員：「通過這麼長時間的調查，您一定也預測到這種產品的價格很快就會發生反彈，可以說現在是最好的購買時機了，而且作為本地區最大的生產廠家，我們公司不但可以在供貨時間和供貨數量上做到萬無一失，還可以提供最優質的客戶服務……您也一定希望儘早購進產品吧？今天正好我們公司的總經理也在，如果成交量達到一定數量總經理將有權在原來的低價基礎上再為您打些折扣……」

客戶：「如果我們要一次性購進 3000 噸貨物，那麼請問最低的價格是多少？」

例七：

銷售人員：「這種產品目前已經有了價格反彈迹象，您一定已經注意到好幾家廠商都已經提價了，我們公司最後肯定也會提價的。所以說，如果您現在不購買的話，那麼將來再想以這個價格買到這種產品恐怕就不太可能了，更何況如果不向我

們這樣的大廠家購買的話，您想要獲得的各種售後服務恐怕也不會得到有效保證……」

客戶：「像我們這樣的大主顧其他廠家也不可能以高價賣給我們產品，XX 公司提供的產品價格就比貴公司的產品價格更低……」

例八：

「現在購買您可以更加及時地提高生產效率，從而大大降低成本、增加利潤；而且我們公司還可以為您提供最優質的產品質量和最完善的客戶服務，這可以大大免除您的後顧之憂。您看一下合約，在合約裏我們十分細緻地明確了自身的各項義務，我們確信，在這方面沒有人比我們做得更好，請您也相信這一點！」

例九：

「如果我們能夠按照您的要求提供現貨的話，那麼您打算購買多少呢？」

「如果您現在準備購買的話，那麼您是使用現金、支票還是信用卡呢？」

「如果您對這一次成交感到滿意的話，那麼下一次合作一定會首先考慮我們公司吧？」

二、提出成交的最佳機會

當成交的時機到來時，如果及時提出了成交要求，那麼成交多半能夠順利實現；如果沒能抓住時機果斷地提出成交要求，那麼就必定不會有成交的希望。

當然，在與客戶進行交流或正式的談判過程中也會出現這樣的情形：還未到成交的最佳時機，可是你卻向客戶提出了成交要求。在這種情形下，客戶因為還存在很多顧慮或不滿，所以多半不會答應你的成交要求。

那麼，究竟當談判進行到怎樣的情形和程度時，才會出現合適的成交時機呢？銷售人員又該如何把握這些來之不易的成交時機呢？在談判過程中，銷售人員對於成交時機的到來要隨時做好準備，並且要在不同的階段採取不同的方式，對客戶提出試探性的成交要求，如果客戶答應了你的要求，那麼成交就會實現，如果客戶還沒有答應，那麼就表明你提出的成交要求還為時過早。可是，只要你提出來就會有成交的希望，如果你不抓住時機果斷地提出成交要求，就永遠沒有實現成交的可能。

具體地說，成交時機經常存在於以下幾個階段當中：

1. 清晰、明確地介紹完產品優勢之後

銷售人員應當首先確保讓客戶對產品相關的優勢能有充分的理解，同時也要盡可能地站在客戶的立場上更加有效地說明產品的各項優勢。這樣一來，當銷售人員清晰、明確地向客戶介紹完了產品的突出優勢之後，客戶往往會對銷售人員介紹的某些產品優勢感

到動心，因為畢竟產品具有的實實在在的優勢，對於客戶來說具有更大的吸引力。此時，將是銷售人員促進成交實現的一個重要時機，銷售人員必須準確把握。如果此時銷售人員能夠根據客戶需求進行說服，很可能會激起客戶的購買慾望，從而實現成交的目的。即使此時客戶並不急於做出成交決定，銷售人員也可以借機瞭解客戶不願購買的真實原因，以便在接下來的銷售活動中根據具體的拒絕原因採取相應的措施。例如：

銷售人員：「這種產品時尚的外觀設計可以體現您尊貴的身份和超凡的品位，而且它採用的是全球領先的生產技術，使用這種產品可以大大提高您的工作效率，從而有效降低成本，小巧的外形還可以為您節省很大空間……這種產品確實非常適合您，我現在幫您把它收好吧？」

客戶：「哦，我還需要考慮一下。」

銷售人員：「當然了，您有足夠的考慮時間，您一定還想瞭解有關產品的其他資訊吧？您想瞭解什麼？我會盡力為您解答的……」

2.在客戶認同重大利益之時

當銷售人員通過自己出色的銷售技能說服客戶認同產品可以為其帶來的某些重大利益時，銷售人員需要迅速抓住這一時機，採取合適的方式向客戶提出成交要求。例如：

銷售人員：「這款產品在市場上銷售得十分火爆，目前在全國地區的銷量都已經達到了一百多萬套。擁有如此顯著的銷售量主要是因為它使用起來更加方便，可以為用戶創造巨大效益，而且這款產品的質量和服務都有我們公司長期的高品質保

證⋯⋯」

客戶：「你們公司的產品質量和服務水準確實是大家有目共睹的⋯⋯」

銷售人員：「是啊，任何一位客戶購買產品時都會充分考慮產品的質量和服務保證，否則的話，怎麼能放心購買呢？現在您可以放心地下訂貨單了吧？您這次準備訂購多少套產品呢？」

客戶：「我這次可能要不了多少，先少要一些嘗試一下吧⋯⋯」

客戶認同購買產品可以為其帶來重大利益，這實際上是一個十分重要的成交機會。事實上，在銷售實踐當中，說服客戶認同重大利益是銷售人員的一項十分重要的活動，如果做不到這一點，就很難打動客戶。當銷售人員通過自己的努力讓客戶認同重大利益時，多半表示客戶在一些原則性的問題上已經沒有太大的意見了，只要針對某些他們仍然不放心的細節問題進行有力說服，常常就會實現成交的目的。

3. 在解決了客戶的疑慮與不滿之後

客戶會針對他們的需求和內心疑慮對銷售人員提出一系列問題，對於客戶提出的任何問題銷售人員都應該認真予以解釋。實際上，你向客戶耐心解釋這些問題的過程，就是一個向客戶說明產品優勢、說服客戶購買的過程。當客戶內心的疑慮和不滿被你耐心細緻的解釋全部打消之後，銷售人員此時最需要做的就不再是等待客戶提問了，而是果斷地向客戶提出成交要求。例如：

銷售人員：「對於您剛才提出的一系列問題，您覺得我的

回答可以讓您感到滿意嗎？」

客戶：「您的回答很認真，也很細緻，謝謝。」

銷售人員：「您太客氣了，為您服務是我的榮幸，也是我的職責。那麼您現在還對那些方面存有較大疑慮呢？」

客戶：「基本上沒有了。」

銷售人員：「那麼您對這種產品看來是很感興趣了，您的眼光真的很好，那您準備現在就取走它嗎？還是我們下午派人送到您家中？」

4.討論完合約細節之後

如果在針對合約細節進行了充分的討論之後，你仍然不主動提出成交要求，那麼你打算何時完成這場交易呢？對於合約細節的討論，其實是客戶已經在明確地向你表達他們的購買要求了，這也是你提出成交要求的最關鍵時機，如果此時你仍然不果斷地向客戶提出成交要求，那麼等到客戶離開之後，你就只能為這次成交的失敗而感到遺憾和後悔了。

三、提出成交要求不會引起客戶反感

一旦發現合適的時機，銷售人員就要果斷地向客戶提出成交要求。不過，有些銷售人員雖然能夠發現成交的最佳時機，可是他們卻不敢果斷提出成交要求，因為他們害怕得到的是客戶的拒絕，或者害怕讓客戶感到自己過於急功近利從而徹底地失去這筆交易。

這些銷售人員擔心的這類問題，確實在一些銷售活動當中出現過，不過銷售人員需要認識到，如果你提出了成交要求，往往有幾

種可能：第一種，也是我們最希望看到的結果，那就是客戶順利地答應了你的成交要求；第二種，可能就是客戶拒絕了你的成交要求，他們可能還會對一些其他問題提出反對意見；第三種，可能就是我們最不希望看到的結果，那就是客戶不但感到自己被強迫購買，而且還決定徹底放棄這場交易。

可是，銷售人員同樣應該清醒地認識到，如果在合適的成交時機到來時你不主動提出成交要求，那麼結果往往只有一個，那就是雖然你始終在朝著成交的方向努力，可是成交的目標卻始終不能實現。

其實，只要掌握了一定的方式和方法，當合適的時機到來之時，銷售人員果斷地向客戶提出成交要求一般都不會引起客戶的反感。這需要銷售人員做到以下幾點：

1. 提出成交要求之前及時確定客戶觀點

為了更有效地保證你沒有領會錯客戶的意思，也為了使你提出的成交要求顯得不那麼唐突，銷售人員可以在提出成交要求之前及時、準確地確定客戶先前的觀點。如果確定客戶的觀點是趨向於成交目標的，那麼就要不失時機地向客戶提出自己的成交要求，例如：

銷售人員：「您的意思是您對產品的質量和服務都比較滿意，只是產品的價格如果能夠再降低五個百分點的話，您就會考慮購買，是嗎？」

客戶：「是的。」

銷售人員：「您提出的這個條件我已經與經理商量過了，他答應如果您能在這週之內簽訂合約的話，那麼公司願意與您這樣的大客戶保持長期合作。您看我們今天簽訂合約比較方

便，還是另約一個時間？」

2.借助客戶的積極反應順水推舟

如果客戶已經表現出了某些比較積極的反應，那麼銷售人員就要借助客戶的這些積極反應順水推舟，讓客戶感覺到成交是其自身的意願，而且成交對於實現其自身利益具有積極意義。例如：

「看來您確實喜歡這種產品弧線形的外觀和高品質的性能，而且這種產品無論是優雅的外形還是內在的品質都與您的氣質十分相符，我現在就幫您下訂單吧？您是要一款明黃色的產品，對嗎？」

此時，銷售人員最忌把客戶的積極反應放到一邊，自顧自地站在自己立場上提出成交要求，銷售人員要隨時關注客戶的反應。

3.表現出成交是自然而然的事情

有些銷售人員在提出成交要求之前，自己首先會表現得不自在，在這種不自在的表現中提出成交要求，客戶必定也會覺得這樣的交易是不自然或不正常的事情，所以他們就會再尋找各種理由和藉口來進行搪塞或直截了當的拒絕。所以，銷售人員在提出成交要求時，一定要讓客戶感覺到實現成交是自然而然的事情，是你們雙方都期望看到的結果。例如：

「無論從整體感受還是細節體驗您都覺得十分滿意，這讓我也感到很高興。您先坐在這裏休息片刻，順便在合約上簽個字。交完款之後我就可以幫您安排送貨了。」

四、提出建議時真正地對客戶動之以情

客戶對他們的需求有時是比較模糊和不準確的，有可能他們認為自己需要的某些產品或服務並不一定適合他們，而有時他們先前不看好的產品或服務可能才真正可以滿足其需要。對於這類客戶，銷售人員應該根據客戶實際需求在溝通中認真加以分析，然後提出最符合客戶需求的建議。

注意：在提出這些建議時，銷售人員千萬不要指責客戶先前的不準確認識，要真正地站在客戶的立場上、完全為他們的需求著想，並且要讓他們相信這些。例如：

客戶：「我覺得那套棕色木質傢俱看起來比較大方，而且我一直比較喜歡木質的東西……」

銷售人員：「請問您家的客廳有多少平米？如果房間太小的話，您不妨考慮旁邊那套比較小巧的傢俱……」

客戶：「我家客廳有 30 平米左右，應該能放得下……」

銷售人員：「您看一下這套傢俱的寬度，是不是放在 30 平米左右的客廳裏空間太狹窄了？其實主要是因為這個廳比較大，所以很多人一進來就相中了這套傢俱，實際上這套小巧玲瓏的傢俱更適合年輕人的特點，而且價格也比剛才那套低得多……」

還有一些客戶，他們從一開始就表現出不明確的產品或服務需求，他們或者會直接告訴銷售人員，讓銷售人員幫助他們做出選擇。這種情況下，即使銷售人員自認為自己的意見比較專業，也要在自

信的同時保持謙虛，把最終的決定權留給客戶，同時要通過適當的詢問瞭解客戶最實際的需求。例如：

客戶：「我要送給男朋友一條領帶，但是又不太懂，聽說有很多講究的，您可以幫我挑選一下嗎？」

銷售人員：「很高興為您服務！請問，您男朋友平時喜歡穿什麼顏色的襯衫和西裝？另外，他的膚色是怎樣的？」

客戶：「他平時喜歡穿……」

銷售人員：「那您看看這幾款怎麼樣？這幾款領帶都是……」

客戶：「我看這些都不太好看，還有其他的嗎？」

銷售人員：「當然有了，您看這邊……」

客戶：「這邊的不錯，但是我不知道那一種更合適，您看呢？」

銷售人員：「我覺得這三種顏色的領帶都不錯，主要看您最喜歡那一種，相信您看中的，男朋友也不會有多大意見的。況且，如果感覺與衣服搭配不合適的話，您還可以帶他本人來換……」

也有一些客戶出於警惕和某些疑慮，不願意直接邀請銷售人員進行幫助，這就要求銷售人員通過自己的真誠讓客戶放鬆警惕，接受自己的幫助。這時銷售人員同樣要首先通過巧妙的詢問和認真的分析瞭解客戶需求，與此同時，聰明的銷售人員往往會同時消除客戶對自己的警惕。例如：

銷售人員：「您覺得那種款式更好一些？」

客戶：「我還要再想一想……」

銷售人員：「您一定看過很多家產品了吧？坐在這裏邊休息邊看如何？」

客戶：「好吧……」

銷售人員：「您是要放在家裏還是辦公室裏？喜歡那種顏色……」

客戶：「我自己家裏用的，我比較喜歡……」

銷售人員：「根據您的描述，看來某某型和某某型的都比較適合您，您可以過去試用一下，這兩種款式的產品放在您家裏一定很溫馨。以後您就再也不用擔心……」

在為任何一位客戶提供建議的時候，銷售人員都要注意以下幾點：第一，自己只是針對客戶需求提供個人建議，最後的決定權在客戶手中，不要強迫客戶服從你的意見；第二，為客戶構建一個夢想，增加一些感性描述，繼而激發客戶的購買慾望；第三，多用積極性語言，儘量避免負面的、消極的表達方式；第四，告訴客戶一旦使用不合適時的解決方法，解除客戶的後顧之憂。

心得欄 _____

_____

_____

_____

_____

_____

16

順應客戶異議的成交法

沒有人喜歡被直接反駁，當客戶提出他們的反對意見時，你要盡可能地對他們的意見表示理解，然後再予以巧妙消除。

人們大多數時候都不希望在提出意見時受到別人的反駁，當面對關係並不緊密、甚至完全陌生的銷售人員時，客戶尤其不喜歡遭到直接反駁，所以你要盡可能地避免直接反駁客戶提出的反對意見。

對於客戶提出的某些反對意見，你可以先予以支援和肯定，這樣有助於使客戶與你在心理距離上更加接近，因而也更容易接受你的勸說。

如果確信客戶會針對某些問題提出反對意見，那麼不妨爭取在客戶之前把這些反對意見提出來，這將有助於銷售人員爭取主動，有利於消除客戶的疑慮和不滿。

一、先對他的反對意見表示瞭解

在銷售過程當中，成功地化解客戶提出的種種反對意見，是一名銷售工作者的重要工作目標，也是實現成交的一種必不可少的途徑。不過，在對客戶提出的反對意見進行說服和化解之時，銷售人員可以採用一種「先肯定、後解決」的方法婉轉地化解和消除客戶

的異議，從而有效地突破銷售過程中的種種障礙，最終實現成交。

這種方法其實是一種避免引起客戶不滿的、比較保險的方法。如果我們在銷售過程當中對客戶提出的某些反對意見進行直接反駁，即使客戶提出的這些反對意見具有明顯的失誤、很容易成功地予以反駁，我們也很可能既沒有達到有效說服客戶的目的，還會在自己與客戶之間「醞釀」出了新的問題，而這種新的問題往往更難進行有效解決。

既然直接對客戶提出的反對意見予以反駁很可能會造成客戶的不滿並增加你與客戶有效溝通的障礙，那麼不妨先對客戶提出的反對意見表示肯定和支援，然後再通過其他方式及時予以解決。例如：

例一：

某傢俱經銷商：「這種衣櫃的外形設計非常獨特，顏色搭配也非常棒，令人耳目一新，可惜選用的木材質量不太好……」

某衣櫃廠家的銷售人員：「您真是好眼力，一般人是很難看出這一點的。這種衣櫃選用的木料確實不是最好的，如果選用最好的木料進行加工的話，價格恐怕就要高出兩倍以上。現在這類產品更新換代很快，不是嗎？這種衣櫃看上去已經是相當不錯了，尤其是外形設計十分時尚，可以吸引很多年輕人，訂購這種價位適中、外形獨特的衣櫃，既可以使您的資金得以迅速流通，又可以用您省下來的成本訂購其他傢俱……」

例二：

圖書經銷商：「現在的學生根本就不認真讀書，他們連學校的課本都沒有興趣讀，怎麼可能去看課外讀本？」

出版社銷售人員：「是啊，現在的孩子的確沒有我們小時候讀書用功了，我們的這套讀本就是為了激發小朋友的學習興趣而特別編寫的，內容豐富，形式更加新穎、活潑，它對學校教材可以起到很好的補充作用……」

對客戶提出的反對意見先予以肯定，這種方式比較適用於那些客戶並不十分堅持的反對意見，例如客戶以某種理由作為拒絕的藉口，或客戶對產品的大多數特徵都比較認同只是因為一時下不了決心提出的一些小問題，等等。如果客戶對他們提出的某些反對意見持以比較強烈的態度，而且期望得到銷售人員的有效解決，或者當客戶提出的某些反對意見可能會影響公司、產品及你個人的形象時，那麼銷售人員最好謹慎採用這種方法，而應該針對客戶提出的具體意見進行具體分析，然後再選擇更有效的方式予以解決。

二、先說出客戶可能提出的反對意見

大多數時候，銷售人員都希望客戶能夠盡可能少的提出反對意見，這樣一來就可以大大減少自己實現成交的阻力。實際上，很多優秀的銷售人員都有過這樣的經驗，在銷售過程中，如果客戶存在著這樣或那樣的疑慮，那麼即使他們不以反對意見的形式提出來，他們也不會輕易做出成交決定，除非他們所擔心和疑慮的問題已經得到了有效解決。更值得銷售人員引起重視的是，如果客戶不把他們內心的疑慮向你提出來，那你實現成交的阻力非但沒有減少，而是大大增加了──如果他們提出具體的反對意見，那實際上就是給你提供了消除這些反對意見的機會，如果你不知道他們為什麼拒絕

購買，那你將無法突破導致成交無法順利實現的種種障礙！

通過對以上原因的分析，不難看出，在銷售過程中，客戶提出種種反對意見，對於銷售人員來說並非就是一件壞事，有時這些反對意見更是你成功突破成交障礙的有利條件。因此，在實際銷售活動當中，如果銷售人員可以尋找合適的時機主動說出一些客戶比較疑慮的問題，然後耐心地對這些問題給客戶以比較滿意的答覆，那麼就會增加客戶對你的信任與好感，同時在他們積壓於內心的疑慮得以有效解決的同時，他們對產品的興趣和信賴程度也會大大增強。在客戶提出反對意見之前率先替客戶說出自己心中比較關心的問題，這實際上是銷售人員給了自己一個先發制人的機會，可以使自己在銷售活動中表現得更加主動。例如：

客戶：「你們公司的付款期限是多長？」

銷售人員：「我們公司規定最遲的付款期限是貨到之後的40天之內付清全部貨款。」

(因為其他同行業公司一般為貨到之後的 60 天之內付款，而客戶必定希望付款期限越長越好，所以銷售人員決定主動替客戶說出這一問題。)

銷售人員：「劉經理，在與我們公司保持友好聯繫的這段時間。您一定對行業內的很多資訊都有所瞭解，對我們公司出色的產品品質和實實在在的價格更是有著較深理解。您也知道，我們公司之所以能夠具有如此高品質的產品和如此有競爭力的價格，最重要的原因就是我們公司長期以來一直堅持高效率的運作方式。而只有在 40 天之內收回全部貨款，我們公司才能保證向客戶提供物美價廉的產品，像您這樣的大客戶利益也

才能得到最大限度的保障……」

　　如果在客戶不願意說出反對意見或者在客戶還未提出具體反對意見之前，銷售人員就主動替客戶說出某些令他們感到困擾和疑慮的問題，那麼客戶就會認為這樣的銷售人員是真誠為自己著想的，會把銷售人員看作是真正能夠理解自己難處的人。當銷售人員把那些令他們感到困擾的問題一一予以有效解決之後，他們對銷售人員就會增加更多的好感和信任，這將進一步促進成交的實現。所以，有些時候，銷售人員不僅要認同客戶提出的反對意見，而且還要適時地主動替他們說出內心比較關注的問題，這是實現成交的一種十分有效的方法，值得銷售人員在實際銷售活動中進行嘗試。

心得欄 ------------------------------

佛蘭克林式成交法

採用「本・佛蘭克林」成交法的前提是，你要確保客戶願意花時間與你配合，然後你才能有針對性地開展新一輪銷售活動，最終促進成交的實現。

在使用「本・佛蘭克林」成交法時，要態度誠懇地向客戶說明你的目的，是要幫助他們深入分析自己是否應該做出成交決定。要通過你的積極引導讓客戶寫出更充分、真實的理由，無論是促進成交的理由還是阻礙成交的理由，客戶寫出的理由越充分、真實，你接下來的銷售活動就越有針對性，也越容易產生效力。

盡可能地讓客戶與你共同參與到對各種理由的分析過程當中，如果僅憑你一個人的分析，這種分析結果對於客戶來說實際上是缺少足夠說服力的，這種分析工作也將被視為無效。

在對客戶提出的拒絕理由進行分析時，你要多問客戶「為什麼」，很多時候，客戶也不知道他們為什麼會提出某些不是理由的拒絕理由，那時他們的拒絕理由就會不攻自破了。

一、佛蘭克林成交技巧說明

在對銷售人員進行銷售技巧的培訓時，很多企管培訓機構都會

將「本・佛蘭克林」成交法作為一項重要的銷售技巧進行培訓。什麼是「本・佛蘭克林」成交法？這種成交技巧就是在銷售過程中，銷售人員通過一定的方式說服客戶在紙上畫一條線，然後請客戶把他們樂於購買的原因寫成一欄，再把不樂於購買的原因寫在另一欄，之後銷售人員就要根據客戶列出的這些樂於購買的項目和不樂於購買的項目有針對性地開展銷售活動，最終達到說服客戶做出成交決定的目的。

這種方法在銷售實踐當中經常顯示出十分喜人的效果，它之所以叫做「本・佛蘭克林」成交法，是因為這種引導客戶做出成交決定的方法最初是由一位名叫本・佛蘭克林的美國人發明的。

本・佛蘭克林是美國的一位白手起家的百萬富翁，在他的創業過程中總是免不了要做出一些重大決定，而他每逢在做重大決定之前，總是會拿出一張紙，在紙的中間畫出一條線，然後，把所有同意做決定的理由寫在紙的一邊，所有反對的理由寫在另一邊。接著他對這些理由進行認真研究，通過客觀冷靜的研究和分析，最後再決定做還是不做這些事。利用這種方式，本・佛蘭克林大多數時候都能做出比較正確的決定，最終他成了當時美國最富有的人物之一。隨著本・佛蘭克林本人在事業上取得的巨大成功，他所創造的這種做決定的方法也被人們以他的名字所命名。後來，這種方法經常被銷售人員用於具體的銷售活動當中，而且所取得的效果也相當顯著，所以人們將銷售領域對這一方法的靈活運用稱為「本・佛蘭克林」成交法。

「本・佛蘭克林」法對於人們進行任何決定都可以起到更積極的作用，而對於銷售人員開展的具體銷售活動所發揮的作用，也被

許多優秀銷售人員創下的卓越業績所證明。這種成交技巧為何在銷售過程當中具有如此顯著的效果呢？這主要是因為利用這種方式，銷售人員能夠更有效地找出潛在客戶在面臨決定時真實的內心想法：他們認為自己能夠從交易中得到什麼、他們又在擔心什麼、產品或服務的那些優勢深深地吸引著他們、他們感到不滿的又是什麼，等等。如果銷售人員能夠說服客戶願意敞開心扉與自己採用「本・佛蘭克林」法決定最後的銷售結果，那麼銷售人員就可以從客戶寫出的理由當中掌握到足夠的資訊，而採用其他方式是很難一下子掌握如此豐富而真實的客戶資訊的。

在充分掌握了這些客戶資訊的基礎之上，銷售人員就可以根據客戶內心的具體想法展開相應的說服、介紹或推薦等銷售活動了。所以也有人說，「本・佛蘭克林」成交法，實際上只是在與客戶前期溝通時，引導客戶說出他們的願意購買或拒絕購買的各種理由，而當客戶說出這些具體的理由之後，銷售人員則必須借助其他方法才能實現成交，如果不結合其他方式或方法，那麼銷售人員只能面對客戶提出的一大堆反對意見而興歎了。

事實上，在實際銷售過程中，任何一種成交技巧的運用都不是孤立的，一個優秀的銷售人員知道自己應該在具體的銷售活動中如何對各項成交技巧進行靈活運用，並且知道如何將各種成交技巧進行相互配合、綜合利用。而「本・佛蘭克林」成交法則可以在銷售局面難以打開時，幫助銷售人員充分掌握客戶的各種真實想法，而且使用這種方法本身也可以增強銷售人員與客戶之間的資訊和情感互動。

二、在客戶配合下引導客戶實現成交

既然「本・佛蘭克林」成交法在實際銷售活動中具有如此顯著的作用，那麼銷售人員又該如何對其進行靈活運用呢？有一些銷售人員提出這樣的問題：「當我建議客戶將其願意購買的理由和不願意購買的理由都分別寫下來時，如果客戶不願意配合，那怎麼辦？」銷售人員提出的這些問題是確實存在的，並不是所有的客戶都願意接受銷售人員對他們的安排，他們可能只是純粹地抵制這樣的銷售，所以他們根本不願意花費時間和精力去填寫這些具體的理由。例如一些客戶在聽到銷售人員要求填寫願意或拒絕購買的理由時，他們的具體反應：

例一：

銷售人員：「我在這張紙上劃了一條線，您能把自己願意購買的理由以及拒絕購買的理由分別寫在這條線的兩邊嗎？」

客戶：「那有那麼多理由？我就是不願意購買這種產品！」

例二：

銷售人員：「您可以把自己認為購買產品可能帶來的好處以及可能存在的風險或損失寫在這張紙上嗎？」

客戶：「我沒有時間和你談這些東西，而且我也不需要這種產品！」

很顯然，如果銷售人員在最初使用「本・佛蘭克林」成交法時就遭到了客戶的拒絕，那麼你根本就不會弄清客戶願意購買或不願

意購買的真實原因,接下來你也無法繼續開展相應的、有針對性的銷售活動。所以,對於銷售人員來說,使用「本·佛蘭克林」成交法的前提也是關鍵就是要說服客戶願意與你配合,然後才能在此基礎上引導客戶逐步做出成交決定。那麼,銷售人員應該如何說服客戶與你進行積極配合,又該如何針對客戶提出的種種拒絕理由引導客戶做出成交決定呢?

1.誠懇告知客戶你在幫助他們做出正確決定

在採用「本·佛蘭克林」成交法之前,銷售人員應該通過自己積極的表現和誠懇的態度贏得客戶的信任,告訴客戶你只是在幫助他們分析做出成交決定對他們的實際利弊,如果分析的結果是弊大於利,那麼你自然會為客戶利益著想,如果分析的結果是利大於弊,那麼客戶可以自己斟酌。如果客戶拒絕寫出理由的原因是因為怕耽誤時間或其他原因,銷售人員則可以根據客戶提出的這些具體原因進行逐個突破。例如:

例一:

客戶:「寫這些東西幹什麼,總之我是決定不買的……」

銷售人員:「那您可以先把您認為不買的理由寫到這上邊啊,這樣我就可以更清楚地知道您不買的真實原因了,寫出來以後,您也可以進一步明確這些理由是否真的可以導致您願意放棄與我們公司的這次合作……」

例二:

客戶:「我沒有時間填寫這些東西……」

銷售人員:「其實寫下這些理由最多需要您十分鐘的時

間，如果您不願意寫的話，您只要提出具體的理由就可以了，我來幫您填寫，然後我們看看到底是買還是不買對您來說更合適……」

2. 引導客戶說出全部理由

客戶有可能只寫出一些表面性的理由，也可能只寫出一些他們願意透露的理由，可是很多更重要的、更真實的資訊往往沒有被全部說出來。面對這種情況，銷售人員需要對客戶進行積極引導，盡可能地讓他們說出全部理由，以便令自己接下來的銷售活動發揮更為有效的作用。在對客戶進行積極引導的過程中，銷售人員一定要態度誠懇，不要表現得過於急躁，要盡可能地採用一些提示性的語言，例如：

「這是您願意購買的全部理由了嗎？還有其他理由嗎？」

「很多大客戶都覺得與我們公司合作可以更放心，您也這樣認為嗎？」

「如果成交的話，您覺得我們什麼時間送貨會更合適一些呢？」

「好，那您現在把反對購買的理由都寫在線的另一面好嗎？」

「您剛才說只是不想購買，那麼您能說說為什麼不想購買嗎？」

「您認為除了……還有那些疑慮呢？」

3. 與客戶一起衡量得失

當客戶已經把他們支援購買的理由和反對購買的意見都寫出來之後，銷售人員就需要針對客戶提出的種種理由與意見進行深入分

析了。銷售人員必須注意，這個分析過程一定要與客戶展開良好的互動溝通，這樣既有利於進行良好的資訊反饋，同時也有助於使你與客戶之間的心理距離更加接近，而且在客戶與你一起分析購買的利益得失時，他們也更容易被你說服。

當然了，在與客戶一起進行分析的時候，銷售人員必須從客戶的實際需求出發，同時也要有目的地進一步強化客戶提出的支援購買的理由，另外還要對具體的反對意見進行有效化解。例如：

「您認為我們公司的生產效率更高、可以更及時地供貨，是嗎？高效率的生產方式一直是我們公司追求的目標，只有不斷追求更高的效率，才能不斷降低成本，從而為客戶帶來更高的效益，不是嗎？所以我們公司的產品價格具有很強的競爭力。因此，產品的價格其實並不是您反對購買的真正原因，更何況我們公司提出的報價實際上已經低於其他公司的報價了。不是嗎……」

心得欄

18

不斷重複，強化對客戶的心理暗示

通過不斷的說明、宣傳，用盡各種表達方式與不同的角度，通過不同的媒體與消息來源，只為讓消費者真正相信這件事情。

怎樣把它具體應用到銷售中呢？隱秘說服究竟有什麼樣的魔力？

銷售員要想對客戶進行隱秘說服，語言是重要的工具。古代的說書人就擅長這一招，他們講一個故事能描述得活靈活現，把人物的表情、動作、聲音乃至兵器、坐騎都很生動形象地「說」出來，這樣就緊緊地抓住了別人的注意力。

於是，聽眾們便天天跑來聽說書，花錢購買說書人的「服務」。

謊言重複千遍就是真理，不斷重複是最直接的一種說服技巧。

「曾參殺人」的傳說故事，就很能說明問題。

曾參是古代的一位君子，學問好，人品也好，以孝順聞名天下。

有一天，曾參出門辦事，他的母親正在家織布，忽然有個人跑來對她說：「曾參殺人了！」曾參的母親很相信兒子，於是搖頭笑道：「不可能的，曾參不會殺人的。」

過了一會兒又有人跑來對曾母說：「不好了，曾參殺人了！」

曾母心裏一驚，不過嘴上還是說：「不可能的，曾參是不會

殺人的。」

　　話雖如此，可連續兩個人這樣說，讓她已經開始有些懷疑了。雖然她還是寧願相信曾參不會殺人，但是她已經沒有心思織布，開始等待曾參回家。

　　不一會兒又有人進來了，這次是曾參家的鄰居。她很著急地對曾母說：「曾參真的殺人了！已經被官府抓起來了，據說現在正在審理，你快點想辦法看該怎麼辦吧。」

　　曾母這才真的相信曾參殺人了，由於怕受連累，正準備爬牆逃走。這時候曾參卻突然回來，把曾母都嚇了一跳，她非常驚訝地問：「孩子，你不是因為殺人被抓起來了嗎？怎麼現在又回來了呢？難道你殺的是壞人，所以不用償命嗎？」曾參聽了，哈哈大笑說：「我怎麼會殺人呢？只是那個兇手剛好和我同名同姓罷了。」

　　你看，錯誤的信息被說三次就會成為「事實」，這也就是所謂的「眾口鑠金，積毀銷骨」。

　　而在具體的銷售過程中，銷售員也可以利用心理暗示，提高消費者從眾心理的表現欲和表達度，從而使產品很順利地銷售出去。

　　如果你要獲得人們對你的同意，那就要使對方儘量地回答「是、是」。

　　假裝同意對方的觀點，然後再向他提出建議。

　　就一個人的心理狀態來講，當他說出「不」字時，他心裏也潛伏著這個意念，從而使他所有的器官、腺、神經、肌肉，完全集結起來，形成一個「拒絕」的狀態。如果反過來說，當一個人回答「是」的時候，體內那些器官，沒有收縮動作的產生，組織處於前進、接

受、開放的狀態。所以，當一次談話開始的時候，如果能夠誘導對方說出更多的「是」，我們以後的建議或意見，就比較容易獲得對方的認同。

運用「是」的方法，紐約一家儲蓄銀行的出納員成功地拉住了一位闊氣的儲戶。這個出納員叫艾伯遜，他是這樣介紹情況的：

這人進銀行來存款，我按照規定，把存款申請表格交給他，有的項目他馬上就填寫了，可是有的項目他拒絕填寫。這事如果發生在以前，我會告訴那位顧客，如果你不把表格填上，那我就拒絕你的存款要求。很慚愧，我以往都是這樣做的。當然，每當說出這種具有權威性的話後，我就會感到很自得。

但那天上午，我就運用了一點實用的知識，我決意不談銀行所要求的，而談些顧客方面的需要。最主要的，我決定使他一開始就說「是、是」。我說，我的意見跟他完全一樣，他既不願填滿表格，我也認為並不「十分」必要。

我對那位顧客說：「如果出現什麼事情，你有錢存在銀行裏，你是不是願意讓銀行把存款轉交給你最親密的人？」

客人馬上回答：「當然願意。」

我接著說：「那麼，你就依照我們的辦法去做如何？你把你最親近的親屬的姓名、情況，填在這份表格上，如果出現什麼情況，我們立即把這筆錢移交給他。」

那位顧客又說：「是，是的。」

那位顧客態度軟化的原因，是他已知道填寫這份表格完全是為他打算。他離開銀行前，不但把所有情況都填在表格上，

而且還接受了我的建議，用他母親的名義，開了個信託帳戶，有關他母親的具體情況，也按照表格詳細填上。我發覺使他一開始就說「是、是」，我們之間就沒有機會為了填表格的事而發生爭執，並且顧客就很愉快地依我的建議去做了。

也許真實的說服沒這麼簡單，但這個案例卻提供了一個思路。下次當我們被拒絕時，要記住蘇格拉底的話，並且問一些能夠獲得對方「是、是」反應的緩和問題。

19

「銳角」成交法

反對意見有時可以轉變成購買的理由，關鍵是要看銷售人員的反應是否夠機敏，是否可以把客戶的反對意見靈活地轉變為促進成交的因素。

在你把客戶提出的反對意見轉換為促進成交的理由時，要盡可能地讓這種轉換看上去十分自然，不要牽強附會地把不相干的問題生拉硬扯到一起，如果你的轉換方式過於牽強，那麼恐怕會適得其反。

「銳角」成交法在實際銷售活動中運用的範圍非常廣泛，如果運用得當，效果也十分顯著，不過在運用此種成交策略的過程中，銷售人員必須要結合客戶的具體反應進行靈活變通，否則就很難達

到有效說服客戶做出成交決定的目的。

一、「銳角」成交法的原理

在具體的銷售實踐活動當中，當客戶提出具體的理由作為反對購買的意見時，一些聰明的銷售人員不僅不會被這些反對意見所困擾，反而還會借助這些反對意見的力量促進成交的實現。這些銷售人員採用的這種方式就是巧妙地把客戶提出來的各種反對意見轉換成相應的購買理由，這種把反對意見轉換為相應購買理由的方式，就如同幾何學中將一個銳角的任何一條邊延伸可以轉換成鈍角一樣，因此被形象地稱為「銳角」成交法。

「銳角」成交法的實質其實就是借力使力，即借助客戶提出的反對意見的力量，把客戶提出的反對意見轉換為促進購買的理由，最後再把這種力量傳達給客戶，從而達到有效說服客戶、增強客戶購買決心的目的。例如：

例一：

經銷商：「你們公司在廣告宣傳上花了太多的費用，如果你們能把花在廣告宣傳方面的費用省下來一部份作為我們經銷產品的折扣，那我們的利潤不是可以更高一些嗎？」

銷售人員：「我們之所以在廣告宣傳上投入較大費用，主要還是為了提高經銷商的利潤呀！就是因為我們在前期的廣告宣傳中投入了足夠的費用，所以才有大量的客戶被吸引上門，這樣不是更有利於你們經銷商實現更大的銷售量嗎？銷售量上去了，你們的利潤自然能夠得到有力保障。反過來說，如果沒

171

有我們前期在廣告宣傳中的投入，那你們購進產品之後一旦銷不出去的話，最終你們的利潤恐怕將無法實現了！」

例二：

客 戶：「沒有用過此類產品，所以沒有興趣購買。」

銷售人員：「正因為沒有用過此類產品，所以才更要買一些嘗試一下啊！您可以先試用一下，然後再買一小部份，回去以後如果覺得效果不錯，那您就不枉此次嘗試了。況且，如果您不買的話，那麼就永遠不會知道這種產品的妙處了⋯⋯」

總之，「銳角」成交法就是要在客戶提出的反對意見中尋找突破口，然後採用恰當的說服技巧把客戶的反對意見轉換成購買的理由。在運用這種成交策略時，銷售人員要注意在對客戶提出的反對意見進行轉換時，一定要使自己的轉換表現得更自然，不要牽強地硬把客戶往成交的目的上拉，那樣反而更容易引起客戶的不滿。

二、針對「產品品質不好」的成交法

根據客戶提出的不同反對意見，銷售人員需要採用相應的技巧將其進行合理轉換。在實際銷售過程中，「害怕產品（或服務）的品質不好」是客戶經常使用的拒絕理由之一，有時候這種拒絕理由反映的確實是客戶內心對產品或服務品質的疑慮，這種疑慮多半是由客戶對產品或服務的不瞭解引起的；也有一些時候，客戶提出這樣的拒絕理由只是一種藉口，他們希望以此來推脫銷售人員。無論客戶提出此類拒絕理由的真實原因是不瞭解真相，還是一種推脫藉口，

銷售人員都可以利用「銳角」成交法對這種理由進行靈活轉換。

如果客戶真的是因為對公司的產品或服務資訊不瞭解而提出此類拒絕理由，銷售人員需要對客戶進行有關公司產品或服務資訊的資訊介紹，並在介紹相關資訊的同時巧妙說服客戶以促進成交的實現。

例三：

客戶：「我以前都是與另外一家公司合作的，還從來沒有購買過貴公司的產品，萬一貴公司的產品質量或服務品質不如那一家怎麼辦？」

銷售人員：「是啊，您以前總是用一家公司的產品，所以就沒有機會對我們公司以及產品進行相應的瞭解，更沒法從中進行全面的比較了。其實，如果您對我們公司有所瞭解的話，就會發現我們公司無論是出色的產品質量還是優秀的服務品質都會讓您更加放心。這是我們公司的產品資料……這是相關的客戶服務資訊……具有如此可靠的質量保證，您還有什麼不放心的呢？」

如果客戶是因為要急於擺脫銷售人員才利用這種理由來拒絕的話，那麼銷售人員同樣可以利用「銳角」成交法首先消除客戶提出的這種反對意見，然後再通過其他方法挖掘出客戶拒絕購買的真正原因。

例四：

客戶：「聽說國內製造這種產品的技術普遍不夠先進，所以我害怕會花錢買到質量不高的產品，到時候豈不是太虧了？」

銷售人員：「我理解您的想法。其實正是因為擔心買不到

高品質的產品，所以才要與我們公司進行合作呀！我們公司在業界具有很高的品牌信譽度和影響力，所以在產品的質量和服務水準方面您大可放心！您還有什麼其他擔心的問題嗎？說來聽聽……」

三、針對「沒有時間」的成交法

以「沒有時間」為理由來拒絕銷售人員的客戶多半是對具體的銷售活動進行敷衍，只有那些缺乏經驗和勇氣的銷售人員才會被客戶的這種敷衍所擊退。當客戶以「沒有時間」、「我現在很忙」、「不願意浪費時間在這種事情上」等理由作為拒絕銷售的反對意見時，銷售人員同樣可以採用「銳角」成交法將這類反對意見轉換為促進成交的理由。例如：

例五：

客戶：「對不起，你也看到了，我現在的工作忙得一團糟，根本就沒有時間來與你談購買產品的事情……」

銷售人員：「我知道您平常工作很忙，沒有太多的時間去一一瞭解這些產品的資訊，所以我今天特地把您需要的這類產品資訊進行了匯總和分類，這樣您就可以對所有這類產品的資訊一目了然了。而且為像您這樣的成功人士提供最好的產品和服務也是我們公司一貫的宗旨，我今天就是帶著這樣的服務宗旨來為您送貨上門、服務上門的。如果您今天就決定購買的話，那麼以後也不用花更多的時間去做這件事情了，而且我們馬上就可以把您要的產品送到指定的地點……」

例六：

客戶：「對不起，我的工作一向很忙，以後有時間的話我會與你聯繫的，現在請你不要打擾我的工作，好嗎？」

銷售人員：「實在不好意思，其實您現在只要抽出五分鐘的時間就可以為以後省下一大部份時間了。我們公司的產品正是專門針對工作忙、壓力大的客戶設計的，如果您購買了我們公司的產品，並且堅持經常使用，那麼您的精神就會煥然一新，這樣您的工作效率自然會大大提高，過去需要一整天才能做完的工作也許您只要用半天的時間就可以完成了，剩下的時間您可以用來做其他事情，這樣不是很好嗎……」

四、針對「沒錢」的成交法

客戶經常用來拒絕銷售人員的理由還有「沒錢」、「沒有這方面的預算」、「公司最近預算比較緊張」等等。面對這樣的拒絕理由，銷售人員同樣可以根據當時的實際情形對具體的反對理由進行相應的轉換，使之轉換為促進成交的有利條件。例如：

例七：

客戶：「你來得真不是時候，我們公司最近財政緊張，沒有這方面的預算……」

銷售人員：「我知道，此時正值銷售淡季，很多公司都在縮減財政預算，這導致很多公司因為預算問題而耽擱了原材料的訂購，一旦旺季來臨需求突然增長，這些公司將只能眼睜睜地看著利潤泡湯。而且根據您的經驗，您也知道，現在購買原

材料其實是最好的時機，不僅供貨快，而且價格也便宜⋯⋯因為考慮到很多客戶的預算問題，所以我們公司進一步放寬了收款期限，您只要先支付 30％的預付款就可以了，剩下的貨款只要能在到貨以後的三個月以內結清就可以了⋯⋯」

　　例八：

　　客戶：「我的收入這麼低，那裏還有閒錢購買保險？」

　　銷售人員：「就是因為收入低，所以才更需要購買保險呀！您如果把每個月結餘的一點錢都存到銀行裏，那只能得到一點極其微薄的利息，可是，如果用來購買保險的話，不僅可以獲得相應的利息，而且還可以獲得更多的保障。打個比方，如果遭遇意外事故或者傷病時，銀行的那一丁點兒利息實際上對您根本就是於事無補，可是保險卻可以使您完全免除這方面的後顧之憂⋯⋯」

心得欄

- -
- -
- -
- -
- -
- -

20

價格爭議成交法

幾乎每場交易過程都會存在價格爭議，解決這一爭議的方法無外乎兩種，一種是讓客戶把注意力集中到其他問題上；一種是將價格進行分解。總之，最根本的是要讓客戶感到此筆交易是物有所值！

幾乎每一場交易過程中都存在價格爭議，在具體的銷售過程中，無論你提出的價格是否偏高，客戶都會想辦法提出反對意見，你要做的是盡可能讓他們意識到你的產品絕對值這個價格，而非為了取悅客戶一再降價。當客戶針對產品價格提出強烈反對意見時，你要把目光放到整個銷售活動當中，不要只圍繞著價格高低與客戶進行爭論，那樣只能讓你更加被動。

如果在價格問題上你與客戶都沒有退讓餘地，不妨主動把問題的焦點轉移到其他容易解決的問題上，在做這些工作時需要密切結合客戶最感興趣的議項進行。在合適的時候把你的產品價格進行有效分解，讓客戶感到購買你的產品其實是以特別小的代價換取了十分顯著的回報。

一、價格爭議往往是客戶異議的核心問題

在我們所展開的每一次銷售活動當中，幾乎都不可避免地存在

著有關價格問題的爭議。客戶經常會不厭其煩地與你進行討價還價，即使有時你已經把產品的價格壓得不能再低了，客戶仍然會針對價格問題提出不同意見。例如：

「價格太高了。根本就買不起……」

「太貴了，一點兒都不合算……」

「我看到 XX 公司的宣傳單上寫的價格比你們的要便宜很多……」

「如果價格能夠再低一些，或許我會考慮購買……」

可以說，價格爭議往往是客戶異議的核心問題，因為很多時候客戶提出的其他反對意見，幾乎都是為了更多地壓低產品價格而進行的。而且，很多優秀銷售人員的銷售經驗表明，往往客戶實現成交的願望越強烈，他們就越會努力爭取更低的產品價格。

因此，對於客戶在價格方面提出的反對意見，銷售人員不必感到過分困擾，而應該感到慶倖，因為客戶開始關注產品的價格並且願意為了降低產品價格而與你進行協商時，多半表明他們內心的購買慾望已經相當強烈了，這時你要做的就是要讓他們相信你的產品價值絕對符合這一價格，甚至要讓他們感到以這一價格購買你的產品實際上已經是物超所值了。如果銷售人員能夠成功做到這一點的話，那麼說服客戶成交就不再是一件難事了。

另外，如果客戶針對價格問題不肯放鬆時，銷售人員也不必受客戶的影響而把自己關注的焦點都集中在產品的價格上，那樣很容易被客戶牽著走。銷售人員應該把目光放在整個銷售活動當中，尋找到客戶認為價格太貴的深層次原因，然後再根據這些具體的原因展開有效的銷售活動。

　　總而言之，面對客戶提出的價格異議，銷售人員既不用感到恐慌和緊張，也不要僅僅圍繞著價格問題與客戶展開爭論，而應該對客戶主動提出價格問題持以歡迎的態度，要看到價格問題背後的積極面，同時還要盡可能地讓客戶相信你的產品價格完全符合產品的真實價值，最終說服客戶實現成交。

二、將客戶注意力轉移到其他議項上

　　在解決客戶提出的價格異議時，銷售人員可以在價格問題之外有效地消除客戶的反對意見，即把客戶的注意力轉移到其他議項上，把關注的焦點從價格問題轉移到他們更感興趣的產品價值身上。這種轉移客戶注意力的方式比較適用於那些難以突破價格障礙的銷售活動當中，例如當客戶總是圍繞著價格問題提出反對意見、而你卻無法在價格方面繼續進行相應的讓步時，或者當你與客戶已經在價格問題上談論了很長時間卻一直沒有達成一致時，等等。

　　如果在銷售過程中，客戶一直抓住價格問題不放，而且始終以「價格太高」等說辭作為拒絕購買的理由，那麼這主要是因為他們的注意力一直集中在價格上。所以，此時銷售人員需要想辦法將客戶的注意力轉移到他們比較感興趣的其他議項上。在具體的實施過程中，銷售人員可以採取積極的詢問、引導式的說明或者配合相應的產品演示等方法，例如：

例一：

客　　戶：「這個價格還是太高了，我們仍然不能接受……」

銷售人員：「您曾經有過買便宜貨的經驗嗎？或者您是否

179

看到過有人花低價買回去的一些劣質品呢？」

　　客戶：「我確實看到過花低價買到劣質品的現象……」

　　銷售人員：「誰都知道『一分價錢一分貨』的道理，如果花了錢卻買了劣質產品，那肯定感覺很不舒服，而且實際上對於花了錢的人來說，不僅沒有達到省錢的目的，而且還會帶來更多的煩惱。我們公司的產品質量您已經有了深刻體驗，這種產品……」

　　(注意：銷售人員已經把客戶的注意力從價格轉移到產品本身的價值上了。)

　　例二：

　　客戶：「你們公司的這款影印機顯然要比 XX 公司的價格更高一些，所以我們打算再考慮考慮……」

　　銷售人員：「我知道您說的那家公司，您認為他們公司的產品質量和性能與我們公司相比那個更好一些呢？」

　　客戶：「產品的質量不太容易比較出來，不過我覺得他們公司的產品功能好像更多一些呢，他們公司的影印機還可以……」

　　銷售人員：「我們公司的另外一款產品也具有您提到的這種功能，不過這種功能其實是針對專業使用者設計的，我覺得貴公司的影印機使用的人員比較雜，而且每天需要複印的東西也很多，所以這款操作簡單、複印速度快、質量水準更高的機子更適合貴公司日常使用……」

　　(注意：銷售人員把難以解決的價格問題轉移到了比較容易

解決的質量與性能問題上。)

三、將價格進行分解

在面對價格爭議時，銷售人員還可以採用價格分解的方式消除客戶的反對意見。在實際銷售活動當中，對價格進行分解的方式可以分為兩種，一種是差額比較法，一種是整除分解法。兩種成交方法的具體實施方式如下：

1. 差額比較法

當客戶表示對產品的價格感到不滿時，銷售人員可以採取合適的方法引導客戶說出他們認為比較合理的預期價格，然後把自己與客戶提出的價格進行比較，比較的結果必定是有一定的差額。此時，銷售人員可以針對這個差額對客戶進行有效說服。與產品的價格總額相比，銷售人員與客戶的價格差額必定要小得多，這個較小的數額因此也不會像較大的價格總額一樣讓客戶感到緊張，而銷售人員在說服客戶的時候也會更加容易。

在運用差額比較法的過程中，銷售人員的工作其實是被分成了兩個部份，一個部份是引導客戶說出他們的預期價格，另一個部份才是針對差額進行有效的說服。這兩個部份缺一不可，而且在實現成交的過程中，這兩個部份如果有一個做不到位的話，都可能導致成交的失敗。因此，在面對客戶提出的價格異議時，銷售人員首先需要耐心地引導客戶說出他們的預期價格，然後在此基礎之上進行有效的說服工作。例如：

客戶：「這個價格實在是太高了，遠遠超出我們的預算，

所以我們根本就接受不了……」

銷售人員：「這個價格在同類市場上其實已經相當低了，如果您覺得這個價格難以接受的話，那麼您認為在怎樣的價格範圍之內您才能夠接受呢？」

客戶：「我們的最高預算是 14000 元……」

銷售人員：「我們的報價是 15000 元，與您提出的價格正好相差 1000 元，其實在決定買與不買之間我們只有 1000 元的距離，不是嗎？」

客戶：「是的，相差 1000 元。」

銷售人員：「難道您就因為這 1000 元的差價而放棄性能如此優良的機器嗎？更何況，這種機器平均每天可以為您增加效益 200 餘元，也就是說，只要購買這台機器，不到五天的時間您就可以把這 1000 元的差價賺回來，難道您打算放棄這台機器為您帶來的巨大效益嗎？」

採用這種方法最大的好處就是，一旦確定了價格差額，橫隔在你與客戶之間的問題就不再是龐大的價格總額了，而只是區區小數的差價，所以當你在進一步澄清產品價值的時候，客戶往往會認為與區區的差價相比，他們會獲得更大的價值，這將有效促進成交的完成。

2.整除分解法

整除分解法也是經驗豐富的優秀銷售員們經常採用的一種方法，這種方法實際上運用起來並不難，可是它的效果卻是相當顯著的。在運用這種方法的時候，銷售人員同樣需要圍繞客戶比較關注的興趣點進行，因為這樣更容易讓客戶認同產品的價值，從而有利

於達成交易。具體使用方法如下例所示：

客戶：「這個房子的整體設計比較人性化、房子質量也不錯，可是價格實在是太高了……」

銷售人員：「正如您所說的一樣，這個房子無論是整體設計還是內在品質都深得業內人士讚揚，房子的價格其實並不如您想象的那麼貴。您看一下，房子的現價是每平方米 19000 元，這種房子以後一定會繼續升值，其潛在的價值將是多少您算過嗎？」

客戶：「這個房子我是準備用來住的，不太可能出讓，所以升不升值和我沒有太大關係。」

銷售人員：「即使是這樣，您也不希望您今天 19000 元買到的房子，明年的價格就跌到 16000 元吧。更重要的是，週邊有學校、中心公園、體育館、購物商場，最適合長期居住了。您算一算，這個房子的產權期限是 70 年，而房價總額大概為 150 萬，那麼您一年其實只要花 2 萬元就可以住在如此高品質的建築之內了，這樣的性價比上那兒找？算下來一個月也就花 1000 多元錢，一天才多少錢？」

客戶：「大概六七十元錢吧。」

銷售人員：「是啊才六七十元錢，您每天只要少在外面吃一頓普通的速食，就能夠一輩子住在如此高檔的住宅當中了，而且您還可以享受到高品質的物業服務，難道您願意為了每天的六七十元錢而放棄這樣的人生享受嗎？」

在此過程中，銷售人員一定要讓客戶親自計算一番，這樣他們就可以更深切地感受到房子本身的價值所在，而且在參與計算的過

程中，他們的注意力會更集中到成交上來。

　　運用這種方法的根本目的就是要讓客戶的注意力從一個較大的數額轉移到一個十分容易接受的小數額上，當你成功地運用這種方法時，客戶一般不會為了最後的那一個小數額而與你斤斤計較了，這時你的成交目的也就會順利實現了。

 心得欄 ----------------------------

21

充分利用價格談判

在聽到客戶的詢問後，需要首先明確客戶需求，然後決定是否進入溝通的核心。

把握客戶需求，盡可能地激發客戶的購買慾望，最後商討產品價格。

銷售人員可以從產品的效用和客戶的需求出發，降低客戶對價格的敏感度。

一、把價格談判引入溝通的最末端

銷售人員很少遇到這類情況：

在訂單已經簽署需要交付貨款或預付款時，客戶才詢問：「我需要交多少錢……」

客戶拿出銀行卡說道：「我需要五件這樣的商品，算一算一共需要多少錢……」

這樣的客戶可能令銷售人員夢寐以求，類似於這樣的情形不僅可以使銷售人員的溝通順利萬分，而且還可以從中獲得較大利潤。銷售人員的這種「夢想」其實也在一定程度上反映了他們害怕與客戶進行價格談判的心理，因為在實際的銷售溝通過程中，很多次交

易的失敗最終都是由於雙方在價格方面的矛盾造成的。

　　然而，銷售人員對於價格談判的這種恐懼是沒有任何積極意義的。反過來想，不關心商品價格的客戶少之又少，如果客戶對產品的價格完全不聞不問，那通常都代表他們對你的產品可能沒有一丁點兒興趣，他們知道，「我永遠都不會購買這種產品，所以它的價格是多少，與我沒有任何關係……」所以，銷售高手們的經驗是：當客戶對產品的價格表現出格外的關心時，通常就代表他們已經對產品產生了一定的興趣，而且通常的情況是，客戶對產品價格的關注程度越高，就表明他們對產品的興趣越大。

　　這裏提出的「充分利用價格談判」，其實是強調銷售人員應該在溝通過程中利用價格談判來增強客戶對產品的關切，對銷售溝通的興趣，最終達到成交或實現繼續溝通的目的。

　　如何利用價格談判來增強客戶對產品的關切及對銷售溝通的興趣呢？當然不是要求銷售人員在溝通一開始就主動報價，因為那很可能導致從一開始就陷入僵局。銷售人員應該將起核心作用的價格談判引入溝通的最末端，即在客戶已經對購買結果產生強烈的期待和美好想象時，才將彼此之間的溝通引入價格談判階段；而且，一旦開始價格談判，就要牢牢地把握住客戶最關注的需求。

　　如何利用與客戶的價格談判呢？根據不同溝通階段的客戶反映，銷售人員需要採取不同的方式：

1.當客戶在溝通之初詢問產品價格時

　　有些客戶會首先詢問產品的價格，這對銷售人員來說可能是一件好事，因為這可能意味著他們真的對這種產品有需求。但是，不要高興得太早，如果你冒昧地直接回答他們的詢問，那麼這場溝通

很可能就會到此為止。經驗豐富的銷售人員都清楚，無論此時自己提出怎樣的產品價格，他們可能都懷有異議，這是客戶在購買產品時的普遍心理。當然了，銷售人員也不能對客戶的詢問置之不理。面對這種情況，銷售人員通常最有效的做法是首先弄清楚客戶的需求，例如：

客戶：「請問這種產品的價格是多少？」

銷售人員：「您先看看質量，試試效果，如果覺得滿意的話……」

2. 當客戶對產品形成初步印象後詢問價格時

一些客戶喜歡在購買產品前搜集足夠的資訊，他們可能會針對產品的相關特點進行一番詢問，其中就包括產品的價格。銷售人員需要注意，這些客戶可能是基於這樣的心理與你溝通：「我先弄清楚這些商家的大致情況，然後再選擇最物美價廉者與之進一步談判……」

對於懷有這種心理的客戶，銷售人員不要因為過於自信而輕易放走他們：首先，你的產品很難確保最物美價廉；其次，即使可以確保，但客戶很可能會被你的競爭對手運用優質的服務和高超的溝通技巧所說服。真要到了那時候，你只能面對雞飛蛋打一場空的局面。面對這種情況，銷售人員可以採用先增強客戶興趣的方式來穩住客戶，然後再伺機進行價格談判，例如：

客戶：「它的外型和性能還可以，不過價格是多少呢？」

銷售人員：「您真是好眼力，這款汽車的外型設計曾經獲得過××設計比賽的大獎呢！它的性能也超出您的想象……更重要的是……」

187

3.當客戶對產品顯示興趣卻不詢問價格時

如果在溝通過程中你發現客戶已經對你的產品顯示出了一定的興趣，那麼這時就要趁熱打鐵地把這種興趣變成購買決定，這中間自然要涉及產品的價格問題，此時銷售人員需要根據對客戶心理的分析確定合適的溝通技巧：

(1)客戶需要銷售人員協助進行決策

客戶此時可能正在考慮購買，只是購買決心還不太堅定，這時銷售人員最好通過積極的引導來協助客戶做出決策，例如：

「看來您已經對這件產品十分滿意了，那我現在就幫您包裝好吧……」

「它穿在腳上非常舒服是嗎？那您就不要換下了，我幫您到收銀台交完款之後您就可以直接穿上它了……」

(2)客戶的支付能力出現問題

雖然自己對產品愛不釋手，可是卻無奈沒有能力支付者大有人在，例如很多人們都喜歡像汽車、珠寶等比較貴重的商品，而且出於某種感官上的享受，人們也經常到這些銷售場所光顧。對於這些客戶，銷售人員千萬不可戴有色眼鏡看人，這些客戶雖然眼前沒有支付能力，但卻是一批十分值得培養的潛在客戶。像喬‧吉拉德等國外著名的汽車銷售人員都很注重在平時培養一批興趣濃厚的潛在客戶，如果你在溝通過程中的表現使他們滿意，一旦有了足夠的支付能力，你就會成為他們購買產品的首選。更何況，如果你不小心得罪了他們，那很可能會失去圍繞在他們週圍的重要客戶群，誰能保證他們週圍的親戚朋友同樣沒有支付能力呢？

(3)客戶在等待優惠時機

　　不僅是銷售人員在研究客戶的需求和心理，客戶在溝通過程中也會採取一定的手段和技巧，也許他們遲遲不肯詢問產品價格的原因就是在等待銷售人員報出一個比較優惠的價格。確實有一些沉不住氣的銷售人員會被這些客戶所「算計」，例如：

　　銷售人員：「您剛才試用之後，看來您已經對它十分滿意了，那我幫您包裝一下吧。」

　　客戶：「先不用，我感覺還有一些問題……」

　　銷售人員：「您是擔心價格問題吧？這樣吧，在原價的基礎上我再給您打點折……」

　　面對這種想要獲得優惠的客戶，銷售人員最好不要率先使用讓利的方式，那樣很容易造成自己的被動，而應該先探詢他們可以接受的價格範圍，然後再敲定價格，例如：

　　銷售人員(拿出訂單問客戶)：「您喜歡藍色對嗎？那我就在這裏填上藍色吧……」

　　客戶：「等一等，我還沒有確定今天是否要貨……」

　　銷售人員：「對不起，我忘了問您打算要多少貨……」

　　客戶：「這要看你能優惠多少……」

　　銷售人員：「您已經瞭解到，這種產品可以為您……現在我們公司正值三週年店慶，全線促銷，促銷價是……」

　　客戶：「促銷價還這麼高……」

　　銷售人員：「這已經是大讓利價了，促銷期間一般不允許再打折的，這樣吧，您覺得……」

二、淡化價格障礙

雖然銷售人員希望客戶能夠儘早和自己在價格問題上達成一致，因為這樣的話往往代表銷售目標的實現。但是當銷售溝通真正進入到價格談判的階段時，銷售人員反而要淡化客戶對價格的關注，這樣可以減少溝通中的障礙。通常，被銷售高手們印證過的有效方法如下：

1. 強調產品優勢

這種方式之所以一再被我們所提倡，是因為它的確可以促進銷售溝通中的種種阻礙，運用這一方式，可以對溝通產生很多積極作用，尤其可以增強客戶購買產品的慾望，當客戶的購買慾望被激發到極致時就會減少對價格的關注。

2. 比較法

銷售人員可以把客戶特別滿意的產品與其他不同檔次的產品進行比較，然後讓客戶在多種產品之間進行選擇。在比較的過程中，銷售人員可以針對客戶的實際需求對他們提出合理化建議。例如：

客戶：「各方面條件都不錯，只是價格太高了……」

銷售人員：「如果您覺得這一款價格較高的話，可以看看另外一款……」

客戶：「這一款不如剛才那款漂亮，性能也不太好……」

銷售人員：「是啊，雖然這一款價格比較低，可是各方面的條件都不如剛才那款更符合您的需求。我剛才向您介紹的那款性能優良、外型設計精英，而且做工也非常好，您用它可

以……」

　　銷售人員也可以把本企業的產品與其他價格較高的產品進行比較，從而使客戶更容易接受你提出的價格。例如：

　　「您也看到了，我們的產品價格是市場上最低的，這是因為我們公司直接從廠家以最低價拿貨，而且有自己的物流公司，所以中間費用少，成本要比其他商家都低……」

　　3.價格分解法

　　這種方法也經常被銷售高手們靈活運用，例如：

　　「這種電磁爐的使用壽命至少是 10 年，即使是按 10 年計算的話，您一年只需花費 36 元，一個月才花 3 元錢。而在使用過程中，您節省的做飯時間和燃料費用可要比這多得多……」

心得欄
_____
_____
_____
_____
_____
_____

22

客戶嫌棄價格的因應手法

　　價格拒絕是最常見的拒絕，絕大多數客戶在購買產品時都希望得到更多的實惠，因此無論是真是假，也無論有沒有支付能力，很多客戶都習慣和你討價還價。他們往往會說「這也太貴了吧」、「我沒帶這麼多錢」、「為什麼比別人的東西貴這麼多」、「打點折吧，我下次還會來」等等。

　　面對客戶這種拒絕，銷售員首先要結合客戶的身體語言，在與客戶交談的過程中準確地判斷客戶對這件產品的喜愛程度，準確判斷客戶提出的這種價格拒絕是真還是假，並且採取積極有效的應對策略，才能讓客戶最後下定決心購買產品。如果處理不當，即使你為客戶打了很低的折扣，交易依然難以達成。相反，如果處理得好，根本不用為客戶打折扣，客戶就會乖乖地掏了腰包，甚至滿心歡喜，連聲道謝。

一、你不該如此回答

　　價格拒絕太普遍了，無論產品的價格怎樣，有些人都會說價格太高、不合理，或者比競爭者的價格高。

　　「太貴了，我買不起。」

「我想買一種便宜點的。」

「你們的價格不合理。」

「我想等降價再買。」

下面分析幾種常見的對價格拒絕的錯誤回答。

1.「這樣的價格還嫌貴」

面對客戶提出的價格拒絕，很多銷售員會隨口而出「這樣的價格還嫌貴？」「這已經是很便宜的了」等等。這種回答是與客戶對抗的表現，它的潛台詞就是「嫌貴了你就別買，我並不強迫你買」，甚至如果銷售員本來就是帶著情緒說出來的這句話，客戶還可能理解成「買得起就買，買不起就別在這裏囉嗦了」。顯然，無論怎樣理解，這樣的回答是不能令客戶滿意的，並且這句話一出口也就意味著「價格談判」已經走進了死胡同。

2.「你是不是真的想要」

「你是不是真的想要」這句話是在一些小商攤上聽到最多的話，也是客戶最不想聽到的。因為這句話正好驗證了客戶的一種擔心：這裏的東西沒有明碼標價，不知道水分有多少！於是客戶心想：還是貨比三家多問問行情為好，免得上當。結果在一番討價還價之後，客戶最後說了一句「我再考慮考慮」便抽身走了。和這句話同樣錯誤的說法還有：「多少錢你要？說個價！」

3.「我們這裏從不打折」

「我們這裏從不打折」這個回答過於直接和死板，客戶本來想得到一些優惠，沒想到話剛出口就「挨了一個耳光」，被打了回來，心裏極不舒服。並且這句話還好像在暗示客戶，如果你要討價還價就請走開，不要浪費時間，我們沒有商談的餘地。這無異於趕客戶

193

離開。

二、處理價格拒絕的方法

面對客戶的價格「拒絕」，任何情緒化的表現都是不可取的。一些成功的銷售員不僅會及時識破客戶價格拒絕的藉口，而且他們會以充分的理由徹底改變客戶的初衷，達到銷售目的。他們常用這樣一些應對方法：

1. 突出賣點

把你的產品或者構想設計成獨一無二的，根本就沒有參照的對象，你的客戶雖然會找到相似的替代品，但無法直接說你的產品或者構想價格怎麼樣高。這需要你動一番腦筋，給自己添加一些新鮮的構想，讓客戶到那裏都找不到同樣的產品，也就是說，實行個性化生產或者個性化服務，那麼，你開出的價格就是唯一的價格。

「陳先生，我知道您覺得多付 220 元不值得，我知道您很擔心，但我相信，一旦您穿上我們生產的西服，定會覺得您花的錢值得。」

2. 強調受益

把著眼點放在使用價值上，這點很重要。你可從節省費用、增加收益等方面入手，提示產品給客戶帶來的效益，這也是打動客戶的有效方式。這需要你事先塑造好你的產品優勢。例如：

「投資 5 萬元，購買我們的設備和原料，產品的市場銷售沒有問題，按照每月的產量和產品單價計算，您實際上 3 個月就可以完全收回投資。」

「是的，我知道這份建議書意味著你得增加一大筆廣告預算。但是，它會大幅度提高產品的銷量，產生更高的利潤，一句話，它會為你賺到好幾倍的錢。」

3.比較優勢

比較法是以自己產品的長處與同類產品的短處相比，使其優勢突出。

如果自己產品的價格確實高於客戶能比較的對手的價格，那麼你必須清楚明確地解釋自己的產品價格為什麼會這麼高。

銷售員如果能夠將競爭對手、同類生產企業和產品供應商的產品優勢和價格如實地說出來，不用再多說什麼，其效果一定是非常好的。有時可以把這些資料寫在紙上，形成文字的東西，可以客觀地顯示你的意見在相關方面的權威性。

(1)請客戶提示比較標準。

價格是否昂貴，往往都是相對而言的。如果客戶提出價格太高，銷售員可以通過「您是否能告訴我們，您是與什麼比較而認為我們的價格太高呢」這類的問題，請客戶提示比較標準，這樣做的好處在於：

如果客戶是隨便說說，並沒有依據，這時他可能放棄這個拒絕；客戶表達得越具體，銷售員獲得的資訊就越充分，越可能從中找到說服的依據或者漏洞。

(2)與同類產品進行比較。

客　戶：我在別的商店看到一模一樣的提包，只賣 125 元。

銷售員：當然賣 125 元了，那是合成革的。皮件材料有真皮的，有合成革的，從表面看兩者極為相像。您用手摸摸，再

仔細看看，比較一下，合成革那能與真皮提包相提並論？

4.出示底牌

如果產品確有優勢，銷售員也有把握確認客戶的購買慾望，這個時候往往可以給客戶計算產品成本。用數據說話，同時也是暗示自己的利潤，表達一種誠意，真正想要購買的客戶是能夠接受的。

「這個價位是目前全國最低的價位了，您要想再低一些，我們就虧本了，實在做不到您說的價位。」

通過亮出底牌，讓客戶覺得這種價格在情理之中，買得不虧。

5.置換角色

讓客戶站在銷售員的立場考慮問題，例如：

「我們這筆交易的金額確實比較大，但是你們的產品使用我們提供的原材料，佔總成本的比重不到 10％。」

提示客戶可以從其他更有效益的角度考慮降低成本的問題。

「作為生產商，我們面臨兩種選擇：一是把產品做得越簡單、越廉價越好，這樣我們就可以用一般人想不到的低價在市場上銷售；二是站在客戶的角度設計和製造產品，盡可能滿足他們的需求，這樣的價格恐怕並不便宜。您會怎樣選擇呢？」

6.非價格因素

銷售員首先肯定客戶對價格的考慮是應該的，接著提示自己的產品在價格以外的優勢，諸如品質、功能、特色、服務以及相關價值。

「我相信價格是您採購的重要考慮因素，但您是否認為可靠的質量、更週到的服務是否也同樣重要呢？另外，我們還專門為您配套制定了工藝和產品標準，我給您介紹一下……」

還有的時候，即使你的價格比競爭對手低，但你仍然拿不到訂單，例如你開價 600 元而對手的報價是 700 元。為什麼？

因為有許多非價格因素在其中起了作用。這些非價格因素有：

①廣告：競爭對手許諾說，他們即將開始全國的廣告促銷大行動，這將使貨物的銷售額大大提高。

②獎勵：競爭對手說，如果客戶的銷售額達到前幾名，就有可能參加全國的精英客戶會議，並順帶免費旅遊。

③返利：競爭對手許諾，如果客戶每個季或者每年能夠使銷量達到某一個數，他就會向客戶返還一定比例的利潤。

要注意運用非價格因素，只有這樣，才能在這方面不輸於對手，才能把東西以高於對手的價格賣出。當然，這需要公司予以支援，否則就是騙人，反而會因小失大。

7. 拒絕再談

銷售員經常會遇到這種現象：客戶瘋狂砍價，沒有辦法只好終止交流，而這個時候客戶卻主動了。所以，需要注意，客戶有時瘋狂砍價是在探你的價格「底線」。

此時，你可以說：

「我們無論如何也不能達到您這樣的價格要求，非常抱歉。」

「您堅持的這種價格市場上或許真的有，但是我不敢想像這個價格裏面究竟包含什麼樣的售後服務。」

「本來是真誠希望和您建立合作關係，我們才考慮以優惠的方式來銷售，但為了保證產品質量和到位的服務，我們不能接受您的價格，非常遺憾。」

23

「預先框式」成交法

　　「預先框式」成交法的精髓在於，要首先在利於實現成交的基礎之上對客戶進行預先框式，你給予客戶的預先框式是否能打好鋪墊，這往往決定著後來的銷售結果是否如你所願。

　　採用「預先框式」成交法的時候，不僅要注意語言的靈活和巧妙，還要注意語氣、神態等方面的配合，一定要向客戶傳達出足夠堅定、自信的感覺。對「預先框式」成交法一定要靈活運用，要根據客戶的不同性格和心理特點、結合不同的客觀形勢對客戶進行積極引導。

　　對客戶及其決策能力等進行預先框式時，要盡可能地激發客戶的積極性，這樣更容易引起客戶的支援和認同，否則你的說服就會缺乏足夠的吸引力和說服力。

　　在採用這一成交技巧的時候，一定要注意趁熱打鐵，不要給客戶留下更多的猶豫機會，也不要輕易相信客戶「再等幾天」等說辭，要盡可能地引導客戶及時做出成交決定。

一、「預先框式」成交法的最佳適用範圍

　　隨著產品同質化競爭形勢的日益嚴峻和生產技術的不斷發展

創新，客戶在購買產品的時候可供選擇的餘地越來越大，而且由於種種社會條件和內在條件的影響和限制，他們在購買產品時需要考慮的因素也越來越多，他們總是害怕自己做出的成交決定為時尚早，或者怕自己做出錯誤的成交決定。而對於銷售人員來說，如果不能說服客戶及時做出成交決定，那麼既是對自身工作效率的一種延遲，也是對公司利益的一種傷害。如果不能及時做出成交決定，這對於客戶來說也不是一件值得肯定的好事，因為客戶擔心的問題或許並不是真正存在、或許雖然會持續存在但與自身利益沒有太大影響，如果因為擔心這些不見得會對自己造成不利影響的問題而放棄購買，一方面會導致客戶需求得不到及時滿足，另一方面也會使客戶無形中浪費很多時間、精力以及人力成本。

所以，無論是從自己及公司的利益著想，還是從客戶的需求考慮，銷售人員都應該引導客戶儘早做出成交決定，為了很好地消除客戶各方面的疑慮，銷售人員可以採取「預先框式」成交法對客戶進行有效勸說。

「預先框式」成交法總的原理就是根據客戶的具體反應，靈活地對客戶及其購買決策進行積極的預先框式，例如預先框式客戶是一位明智的購買者、預先框式客戶能夠做出明智的購買決定、預先框式與你進行成交的決定是完全正確的選擇，等等，然後在這些積極的預先框式的基礎之上說服客戶認同你的框式內容，最終客戶便會認為他們有理由購買你的產品或服務，從而成交就可以順利實現了。

在實際的銷售活動當中，如果銷售人員能夠靈活運用，那麼「預先框式」成交法實際上可以在很多場合發揮重要作用。而在具體的

銷售實踐當中，對以下類型的客戶採用「預先框式」成交法往往能夠起到更為有效的說服作用：

1. 性格比較優柔寡斷的客戶

性格比較優柔寡斷的客戶在做出購買決策之時總是患得患失，很多可能出現或不一定會出現的事情，都會成為阻礙他們做出成交決定的干擾因素。面對銷售人員展開的銷售活動，他們因為顧及太多因素，所以判斷力和決策力都相對較低，而且很難堅定購買的決心，事實上，他們不僅會對銷售人員存在嚴重的戒心、對銷售人員所推薦的產品感到疑慮重重，甚至還會因為銷售人員及產品之外的諸多因素而左右搖擺不定。可以說，對於性格比較優柔寡斷的客戶來說，他們對很多問題都存有較大疑慮、對很多事情都缺乏足夠的信心，如果銷售人員不進行有效處理的話，那麼幾乎任何一種原因都可以被他們用來當作阻礙成交的理由。與這類客戶交流，若想說服他們做出成交決定，銷售人員就要以合適的方法消除這些對實現成交具有嚴重阻礙的因素。

如果都對客戶提出的種種理由進行說服，那麼不僅會浪費太多的時間和精力，而且最終的效果恐怕也不容樂觀，因為這類客戶總是有著太多要考慮的問題，以至於會令銷售人員應接不暇。所以在這種情況下，銷售人員要嘗試使用「預先框式」成交法，引導客戶更積極地看待這場交易，最終實現成交目的。例如：

客戶：「我覺得現在購買還是有些操之過急了，需要考慮的問題還很多……」

銷售人員：「我理解您的憂慮，不過我知道，像您這樣一位在這麼大一個公司內身擔要職的人，在處理問題時一定需要

果斷決定，您也一定希望自己做出的決定都是正確的，而購買我們公司的產品就是最正確的選擇，而且如果現在簽訂合約的話對公司來說實在是一個可遇而不可求的大好時機⋯⋯」

在運用「預先框式」成交法對客戶進行積極引導的時候，銷售人員必須語氣堅定、態度自信，讓他們切實相信做出成交決定是他們最明智的選擇。千萬不要在自己的言辭、表情和行為中流露出絲毫不堅定的成分，否則就很容易再度引起他們的憂慮，從而使你的成交目的化為泡影。

2.因擔心外界的不利環境而拒絕成交的客戶

有些客戶之所以不願意做出成交決定，並非是由於他們對公司及其產品或服務存在不滿，而是因為某些外界因素的干擾。他們經常提出的拒絕理由如「目前整個市場都不景氣，我們不敢貿然訂購這批貨物⋯⋯」「這種產品最近持續降價，以後很可能會貶值⋯⋯」「很多朋友都還沒有購買，所以我還需要考慮考慮⋯⋯」等。面對客戶提出的這些理由，銷售人員同樣可以採取「預先框式」的方法促進成交的實現，例如：

客戶：「目前整個市場都不景氣，我們不敢貿然訂購這批貨物，還是等一段時間再說吧。」

（此時，銷售人員千萬不要被客戶的理由所說服，因為即使再過一段時間，客戶還是會以其他理由來拒絕你。）

銷售人員：「Ｘ經理，馳騁商場這麼多年，您一定對及時把握商機深有感觸。您一定知道成功者的購買習慣總是與那些盲目跟風者不同，當別人賣出時他們反而會買進，當別人需要大量買進時他們又會甩手賣出。雖然最近有很多人談到市場不景

201

氣，可是那些與我們公司有過長期交往的很多大客戶的訂購量卻比以往增加了，您知道這是為什麼嗎？因為他們看到了長期的機會，而沒有被眼前的挑戰所嚇退。您取得的成就同樣有目共睹，相信您也會抓住今天的機會做出英明的決定。對吧？」

3.希望獲得更多優惠條件的客戶

一些經驗不足的銷售人員在遇到這類問題時總是感到無從下手：例如當客戶提出的大部份問題都得到有效解決時，客戶仍然遲遲不肯成交；或者當所有的成交條件都已經談好之後，客戶卻表示還要求得到更多的優惠，等等。如果客戶的購買意願比較明顯，而且你已經與他們針對成交過程中的種種細節問題進行了有效交流，而客戶依然不肯做出成交決定，那麼這多半表明他們希望獲得更多的優惠條件，只不過有些客戶是希望利用拖延時間的方式來迫使你主動做出讓步，而有些客戶則直截了當地提出具體的優惠條件。面對這類客戶，銷售人員當然不能輕易讓步，採用「預先框式」的方法有時能夠達到既不需要讓步又能實現成交的目的。例如：

客戶：「雖然你們的產品在各方面都令我感到比較滿意，不過我現在還是不能馬上與你簽合約。」

銷售人員：「請問您還有那些問題需要解決嗎？」

客戶：「倒是沒有什麼太大的問題了，我只是希望你們的付款期限能夠再延長 3 個月，因為我們公司的資金週轉最近不是很好，希望你能站在我們的立場上考慮一下……」

銷售人員：「其實我們公司確定的付款期限正是站在客戶的立場上考慮的，我們的很多大客戶都認同這一點。您想一下，對於一家需要不斷進行資金週轉的大公司來說，如果更加及時

地結清貨款，供貨方在供貨時就會更加積極主動，而且一旦付清全款，就意味著所有的貨物徹底地歸貴公司所有、任公司支配了。這樣公司就能夠迅速地把這些貨物進行高效流通，為公司創造更大的效益。相反，如果付款期限拖得越長，貨物流通的速度就越慢，公司的效益也就不能得到及時有效的保障。像貴公司這樣的大公司一定願意更早地看到產品帶來的效益，也只有這樣，貴公司的資金才能更加有效地進行週轉，您覺得呢？」

二、「預先框式」成交法的執行步驟

「預先框式」成交法適用於很多實際銷售場合，只要靈活運用，這種方法就可以對促進成交起到十分積極的作用。如果對這一成交技巧的使用方法進行逐步細分的話，可以分為以下幾個步驟：

1. 第一步：對客戶身份或地位進行積極的預先框式

在使用「預先框式」成交法的過程中，銷售人員一般需要首先對客戶的身份或地位等進行積極的框式，例如預先框式客戶是一位成功人士或者是一位具有決策權的人士，這樣就可以給客戶傳遞這樣的信念：成功人士或具有決策權的人士是不會因為某些外在挑戰的存在而感到困擾的。例如：

「您在這方面一直都走在別人的前面，所以您一定不會像其他人那樣因為一點點風吹草動就裹足不前……」

「您是採購部的經理，而我們的成交額又不高，所以您有足夠的權力做出成交決定，其他人最多只是提一些意見，怎麼

能阻礙您的英明決定呢⋯⋯」

2.第二步：對客戶的決策能力進行積極的預先框式

當銷售人員對客戶的身份或地位進行了積極的預先框式之後，就需要進一步對客戶的決策能力進行積極的預先框式了，這樣可以進一步增強客戶的購買決心。例如：

「您如此認真負責，一定能夠做出最明智的決定⋯⋯」

「根據您多年的經驗和如此高品位的眼光，一定會選擇最適合您的產品⋯⋯」

3.第三步：對做出購買決策的正確性進行積極的預先框式

當前兩步工作順利完成之後，客戶基本上就會以銷售人員對其進行的預先框式來定位自己，例如，他們會認為自己就是一位成功人士，或者是一位有權力、有能力的人物，並且認為既然自己是這樣的人士。那麼憑藉自己的能力和水準一定可以做出正確的決策。當確信客戶具有這樣的堅定信念之後，銷售人員就需要對做出購買決策的正確性進行積極的預先框式了，這樣可以增加客戶對購買決定的自信，他們會認為「我現在決定購買是一個非常正確的選擇」，以及「購買他們公司（指銷售人員所代表的公司）的產品應該是一個十分明智的決定」。在這一步，銷售人員一定要注意態度、行為和表情的自信與堅定，例如：

「與我們這樣的大公司合作正是最符合您身份和地位的決定了，不是嗎？」

「我們公司的產品無論從產品質量、價格到客戶服務都能滿足您高品質的需求，對不對？」

「現在決定購買正是最好的時機，這樣的時機實在是難得一遇呀！」

24
「忽視」成交法

客戶提出的意見固然值得重視，可是在銷售過程中銷售人員不需要對客戶提出的任何意見都予以重視。在某種場合，故意「忽視」某些客戶意見，反而可以引導客戶實現成交。

有些意見客戶很可能只是說一說而已，他們本身並不期望獲得所謂的「解決方案」，面對這種情況，銷售人員只要給他們以傾訴的機會就是最好的解決方式。

某些客戶意見你必須故意忽視，並且要讓客戶也在不經意間不再關注，否則就會有節外生枝的可能，也許會出現讓你無法收拾的局面。

不要奢望你能夠解決客戶提出的所有問題，也不要以為只有圓滿地回覆客戶提出的所有問題才可以成交，如果你以為你能做到這些的話，那你可能會一直朝著成交的方向前進，可是你卻永遠到達不了目的地！

一、「忽視」成交法適用的場合

雖然我們一直都在關注客戶的需求、重視客戶的反應，可是很多時候，客戶提出的諸多反對意見常常讓我們無法一一給予圓滿的答覆，甚至有些時候，客戶提出反對意見的行為本身只是出於一種傾訴和表達的慾望，他們也沒指望銷售人員能給予所謂合理或滿意的答案。所以，在很多具體情形之下，銷售人員可以對客戶提出的意見進行適當的忽視，或者故意避開客戶提出的某些異議，這種主動避開或忽視客戶某些反對意見的方式，有時所起到的效果反而要勝於其他直接應對方式，這種方式就是一些銷售高手比較常用的「忽視」成交法。在實際銷售活動當中，「忽視」成交法比較適用的情形有如下幾種：

1.當客戶提出的反對意見不需要具體的解決方案時

客戶有些時候提出的反對意見並不具有一定的針對性，他們可能只是想要表達自己的某種觀點，或者想要向銷售人員傾訴自己內心的不快，或者只是想借助這些反對意見引出其他更具有實質意義的真實反對理由……總之，客戶提出的這類反對意見並不是真的想要獲得具體的解決方案，也不需要與銷售人員在這方面展開具體的討論。例如：

「你們公司找的那位形象代言人實在是不夠漂亮，要是能找 XXX 做代言人就好了……」

「你看到昨天電視裏播放的科幻大片了嗎？你們公司的產品在外觀設計上太傳統了，應該把外形設計得像科幻片裏的

東西一樣，那才叫酷……」

2.當客戶提出的反對意見涉及面太多時

有時候，客戶可能會一下子提出很多反對意見，而且大多數反對意見都具有一定的針對性，例如他們一面埋怨產品的質量水準不高、一面又埋怨外形設計不夠獨特、同時又嫌價格太過昂貴等。這時，銷售人員多半會感到非常為難，因為客戶提出的問題都具有一定的實質意義，可是如果一一加以解決的話，那不但需要花費很多時間和精力，而且還會十分困難，所以銷售人員可以適當地對客戶提出的某些反對意見進行故意忽視。例如：

「我可不願意花這麼多錢購買這種產品，你們的產品從外形上一眼看上去就讓人感到不舒服，而且顏色還這麼普通。如果外形一般，內在質地好也就罷了，可是，這種質地的產品怎麼可以拿出去讓人看……」

「我們公司是一家大品牌的公司，一向注重外在形象，同時也注意對成本的有效控制。而你們公司的產品根本無法滿足我們在這些方面的需求，你們公司本身的規模就小、缺乏品牌影響力，而且產品的製作技術也無法與其他人公司相比，服務品質估計更難保證了……」

3.當客戶提出的反對意見比較瑣碎、缺乏條理時

還有一些時候，客戶拒絕購買的理由缺乏一定的條理性，所以他們很難針對某一重要問題堅持自己的原則，可是銷售人員又不能為其提供足夠的購買理由，所以他們就會想盡辦法拒絕購買。在這種情形下，他們提出的反對意見可能就會因為沒有根本的核心而顯得有些瑣碎和散亂，雖然提出的反對意見看起來既多又繁雜，可實

際上都是一些細節性的小問題。例如：

「我怎麼能夠相信你的產品確實值得我購買呢？你不知道，我前一段時間就因為過於輕信而花高價買了一件劣質品，而且你的產品看上去也沒有廣告宣傳的那麼漂亮……」

「我還需要認真考慮考慮，主要是我覺得沒有從第一眼就喜歡上你的產品，另外我以前也沒用過這個品牌的產品，萬一不能適應怎麼辦？更何況，我打算假期到 XX 賣場去看一看，那裏或許有更好的……」

4.當客戶提出的反對意見無法有效應對時

在某些時候，銷售人員雖然明知客戶提出的反對意見與此次成交具有重大聯繫，而且客戶在提出反對意見時也期望獲得滿意的答覆，可是這些銷售人員卻常常故意將話題轉移到其他事情上，似乎對客戶提出的反對意見視而不見。其實這並不是銷售人員的疏忽，而是一種促進成交的巧妙策略。因為，客戶提出的某些反對意見，銷售人員在當時可能根本就無法提供滿意答覆，如果一味地糾纏下去只能讓客戶更加不滿，與其這樣還不如巧妙地用其他話題將客戶的問題巧妙地掩飾過去。在實際銷售活動當中，客戶提出的某些反對意見確實難以進行有效應對。例如：

「我們打算購進這麼一大批貨，而你們公司卻只有 5%的優惠，如果你們公司不能給 8%的優惠，那咱們就不要再談下去了……」

「你們的產品顏色太單調，如果你們在設計時多用幾種顏色，或許我們會考慮購買的……」

二、「忽視」成交法的使用技巧

雖然「忽視」成交法可以適用於很多銷售活動，不過在使用這一成交技巧的過程中，銷售人員必須要與具體的銷售情境相結合，並要注意仔細觀察客戶的具體反應，不要因為自己的表現而增加客戶的不滿。具體地說，在實際銷售活動當中，銷售人員在採用「忽視」成交法解決客戶反對意見的時候，需要注意以下幾個問題：

1. 一定要及時引開客戶的話題

如果在一些問題上，客戶提出了諸多不需要解決或討論的意見，銷售人員就需要及時引開客戶的話題，而把你們之間的談話內容引入到更能促進成交的話題之上。如果在這一過程中銷售人員的行動不夠及時，那麼不但浪費彼此的時間和精力，而且還可能會節外生枝，客戶很可能會自覺或不自覺地將話題引向更難解決的問題上去，如此一來，原本容易應對的局面到最後可能會發展為一發不可收拾。因此，在引開客戶話題的時候，銷售人員必須掌握及時、有效的原則，盡可能快地把客戶的注意力從那些無關緊要的問題或難以解決的問題上引開。

2. 在態度上要讓客戶認為你對他們提出的意見極為重視

銷售人員還應該在態度上讓客戶感到你對他們提出的意見極為重視，這樣一方面可以讓客戶感到自己的意見很「高明」，另一方面也可以使他們充分感受到你對他(她)的尊重。所以，在使用「忽視」成交法的時候，銷售人員不妨對客戶提出的意見先予以讚賞，

然後再想辦法越過這一話題。例如：

客戶：「你們在設計產品外觀時應該參照一下國外新拍的電影 XXX，那裏面有許多新奇、古怪的樣式……」

銷售人員：「真是高見！可惜在對這一產品進行外觀設計時我們的設計人員還沒看到這部新電影，以後您如果在這方面有什麼高見的話可以及時與我們聯繫，也好幫我們設計出最時尚的產品外觀。不過現在……」

3.不要讓客戶感覺到你的故意忽視

在使用「忽視」成交法的過程中，雖然運用原理是要對客戶提出的某些意見進行有意的忽視，然後在此基礎上把客戶引導到那些更容易促進成交的話題上，可是在具體的運用過程中，銷售人員卻不能讓客戶察覺到自己是在故意忽視他們提出的某些意見。所以，在運用這種成交技巧的時候，銷售人員同樣需要盡可能地表現出積極、熱情的態度，然後採用一些巧妙的方式將客戶的話題進行積極引導。例如運用一些適度的幽默，或者運用其他語言技巧。例如：

客戶：「你們公司應該請更大牌的明星做形象代言人，那樣宣傳效果會更好，我們經銷商也可以借一借力嘛！」

銷售人員：「當初在選擇形象代言人的時候真應該充分考慮您的意見，或者由您直接去找自己喜歡的明星去談，一定可以談得成……」

4.用來吸引客戶的話題要有利於促進成交

當銷售人員採用「忽視」成交法對客戶提出的某些反對意見進行巧妙化解時，往往需要重新將話題引到更有利於促進成交的話題上來，否則你的銷售活動很可能會與成交目的產生越來越遠的偏

離。而在選擇客戶話題的時候，銷售人員一定要注意所選擇的新話題是否有利於促進成交，如果不能達到促進成交的目的，那麼你實際上在無形中又「主動」地為實現成交創造了一個新的障礙。所以，銷售人員要盡可能選擇那些你有能力把握的、客戶也比較感興趣的話題去吸引客戶，這樣才有利於成交的實現。例如：

客戶「這款照相機價格有些偏高，而且功能又太少，另外一個品牌的比這個要多好幾種呢，還可以支援兩個小時的攝像時間，你們這款只能支援一個小時的攝像時間……」

銷售人員：「其實在選擇照相機的時候主要還是應該考慮相機本身的性能，這些附加功能大多數時候只是偶爾一用。您也知道，其他附加功能越多，它的成像效果就沒那麼好，電量消耗也越大，您肯定不願意因為這些很少使用的附加功能而影響到您照相的效果吧，您更不願意每時每刻都擔心因為相機沒電而錯過了您留下美好的瞬間吧？」

心得欄 _____

_____

_____

_____

_____

_____

25

激發客戶擁有商品的慾望

說服必須營造氣氛和情境，通過全方位的感受來影響客戶。

怎樣才能夠激發客戶的想像，讓他們「得到」擁有這種產品之後的美妙感受呢？可以有兩種方式，一種是上面說的讓客戶親自體驗一下；另一種方法就是通過語言，用你的語言勾畫出他們擁有了這種產品後的情景，使他們似乎感到了擁有這種產品之後的美好感覺。

當然，在你說這些話的時候，要盡可能地聲音壓低，語速減慢。

另外注意要有充分的信心，讓他們感到你在這個方面是最權威的。這樣他們就會相信你所講的每一句話。

一、給客戶描繪一個美妙的夢想

例如，你要是銷售跑步機的話，可以這樣說：

當你早上起床，穿上運動鞋和休閒裝，你打開窗戶，深呼吸一口清新的空氣，明媚的陽光照在身上，然後你踏上跑步機，輕鬆舒暢地開始跑步，你的速度由慢到快，當你輕微有些出汗時它會提醒你時間到了，然後你開始洗浴，梳洗整齊，穿上剛剛熨燙過的職業裝，信心百倍、神清氣爽地走出家門，開始一天的工作。

這種方法也可以用來介紹產品的功能，例如你是銷售印表機的，可以目光溫和地直視著你的客戶，緩緩地說：

如果家裏有這樣一台多功能印表機，會給你帶來無窮的樂趣和便利。客戶打電話過來需要發傳真，不必去找傳真機，你只需輕輕按下接收傳真的按鍵就可以了；如果你需要把一些重要的圖片放在電腦裏，不用去找掃描器，只需把圖片放好，按一下掃描的按鍵，資料就會輸入你的電腦；如果你需要的資料很多，也不必到外面去複印，自己就可以做；另外，你還可以利用它製作自己喜歡的各種照片，效果形象逼真，會讓你愛不釋手。

又如你是銷售磁療寢具的業務員，可以一邊讓客戶先舒服地躺在你的產品之上，然後緩緩地告訴他：

我們每個人的時間都非常寶貴，即使身體有些不適，也很難有時間去看醫生，但是疾病就是這樣日積月累造成的。突然有一天你跌倒在路上，那是一家人的不幸。而我們的磁療寢具不需要你刻意地去使用，不會佔用你的時間，也不會佔用你家裏的空間，只需要你把它鋪在床上，每天睡覺就可以了。

相信客戶聽了你生動形象的描述，肯定沒有幾個不會動心。這種繪聲繪色的描述其實比乾巴巴的介紹要管用許多倍。因為這樣可以讓他們感覺到擁有這個東西之後的幸福、快樂。做到了這一點，你就成功了一半。

二、客戶心底潛藏著對商品的佔有欲

在說服客戶的過程中，如果你能夠通過你的言行，激發他們的

213

想像力；對其進行積極的心理暗示，激起客戶對產品的佔有欲，你就成功了一半。

人在潛意識裏都有著佔有的慾望。在戀愛中男女最容易表現出佔有欲。如果你在一個地方發現你的女朋友正和一位帥哥聊得不亦樂乎，你會有什麼樣的感覺？而如果你是女孩子，有一天發現自己的男朋友正和一位漂亮的女孩兒走在一起，你是不是很生氣？這些都是人的佔有欲的表現——當人面對商品的時候也是這樣。

請看這樣一個汽車銷售中的場景：一位年輕時尚的汽車業務員精神飽滿、面帶微笑地將客戶引到汽車的前面——

業務員：「這款車是流線型的，最適合年輕人開，尤其是這種銀灰色，是今年最流行的顏色，開出去既炫又亮眼。」（示意他可以摸一下。）

客戶：「看起來很不錯。」（客戶打開門然後關上門，砰！）

業務員：「您看多麼扎實，這輛車的結構非常安全，從聽關門的聲音就知道，一般的車關門聲都是空蕩蕩的，這個關門聲您都聽到了，多麼扎實，單單聽關門的聲音就很舒服！」（業務員再打開車門，招呼客人進到車裏。）

業務員：「您一進來是不是就有一種緊緊的被包實的感覺，當您開車的時候會覺得很安全，然後您看發動引擎，踩下油門，您有沒有聽到怒吼聲？仿佛在跟我們說：『我想要出去跑了！』」

客戶：「是啊！我感覺到了！」

業務員：「當您擁有這樣一輛車時，您一定會得到朋友們更多的羨慕，而且很適合您的身份。」

客戶：「嗯，那就要這輛車吧。」

214

在上例中，這位汽車業務員通過讓客戶觸摸車身、開關車門、坐到車子裏面等等，滿足了客戶的參與感，激發了他潛意識中對購買車子的慾望。通過強調車子的舒適性和客戶擁有這輛車後的感覺，充分激起了客戶的想像力，從而激發了客戶的佔有欲，使他對這款車子欲罷不能，最終買下了這輛車。

三、充分激起他的想像力

事實上，人類的想像力要比意志力大十倍以上。如果能充分激起客戶腦海裏的想像力，就能說服他自動採取你所需要的行動。

世界著名的服裝銷售大師巴巴拉說：「世界上每一幕戲都源於想像，銷售也是如此。」事實上，對客戶進行說服的過程，就是激發客戶佔有欲的過程。

那麼，怎樣做才能激發客戶的潛意識裏的佔有慾望，對客戶成功實施說服呢？通過形象化的語言，可以充分激起客戶的想像。所以一個成功的業務員，首先應該是一個激起想像力的專家。在與客戶交流時，你應不僅希望你的客戶能夠聽到，同時也希望他們能夠「看」到你說的話。客戶在頭腦中「看到」才會有感覺，才會激起想像來。激起客戶的想像力，這也是說服的開始。但是，想像力究竟是什麼樣的呢？

你曾經想像過自己中午吃什麼、晚上回家做什麼嗎？你曾經在腦子裏排練過見到客戶時要怎麼進行銷售溝通嗎？你曾經聽朋友描述過怎麼炒一道菜嗎？

這就是想像力！

　　如果對你說：「你現在手裏正拿著一個青色的檸檬，你用刀切開，然後拿起一半放在你的嘴邊，用力一擠，青色的檸檬汁滴在你的舌頭上……」說到這裏，你是否有種酸酸的感覺？無論是真實的還是想像的，只要能讓客戶「看到」，他就會產生想像。

　　產生了想像，說服也就開始了。

　　如果一個普通的業務員去銷售檸檬，他可能會對客戶說「買我的檸檬吧」或是「檸檬大拍賣」。但是你如果運用說服式銷售，你會說：「看看這些漂亮的檸檬，把它帶回家，一切開，就會看到陽光的影子，你可享用最新鮮、充滿維生素的檸檬汁！」

　　你不得不承認，聽到最後一種說法時，就像親自嘗到檸檬汁的感覺。這就是要引起客戶的使用產品時的想像，激起他們的潛意識，激發他們的購買慾望。

四、構造出一幅打動人心的圖畫

　　你只需要在腦海裏想像出一幅有趣的、具體的、能打動人心的圖畫，然後再化為文字、語言，然後像放電影一樣有聲有色地描繪給你的客戶聽，他極可能就被你說服了。

　　當人們聽到或者看到某種事物的時候，往往會在潛意識裏為這件事或這種東西勾勒出一幅圖畫，然後根據這幅圖畫做出判斷。假定你賣的是割草機，那麼當你的客戶在使用這部割草機的時候，會是一幅怎樣的情景呢？或者，你可能賣的是彩色電視機，你能想像出客戶和他的家人一起觀賞的情形嗎？你能用心靈的眼睛看到並且描繪出來嗎？假如你要在一次會議上發表一次成功的演講，那情景

如何？你是如何表現的？觀眾有怎樣的反應？

　　首先，你要用心靈的眼睛「看見」，然後再把看見的情景講出來。要在客戶的頭腦中勾勒美好的畫面，喚起客戶的美好感覺，用具體化的語言對他們進行說服。

　　在隱秘說服中，業務員往往利用構圖技巧，有效刺激客戶的購買慾望。為客戶構造出一幅幸福、美滿的畫面，畫面越有吸引力，越能打動客戶，激起客戶對這幅美麗圖畫的嚮往，從而接受你的產品，進而產生購買的行為。

　　隱秘說服的本領就是凝聚客戶腦海中的影像，使其愈加生動清晰，進而成為自身期待的夢想。一旦商品成為實現夢想的工具，客戶購買的幾率就會大幅度提升。如何用構圖的方法對客戶進行說服呢？首先問自己：「客戶會如何使用這個產品？」

　　先想好你的產品對這位客戶有什麼作用。也就是說這位客戶會用產品做什麼，這位客戶想要從產品中得到什麼。簡單地說，就是用了產品客戶會有什麼好處。其次再自問：「客戶在使用這個產品、享受它的效果與獲得它的益處時，會是什麼樣的快樂的景象？」

　　聽到不如看到，看到不如摸到。正所謂「眼看千遍，不如手摸一遍」。為客戶示範產品的操作最好交給客戶，你只需要站在一旁指導和說明。

　　你必須讓客戶感受到你的產品，要讓他陶醉在你的產品之中，你要讓他聞聞產品的味道，摸摸產品以獲得手感，你要讓他站在特定的角度來欣賞產品。你要讓客戶充分地感受到這個產品，讓他操作或試用這個產品，以激起他強烈的購買慾望。

　　對客戶進行說服，要盡可能將客戶模糊的幻想變得具體化。想

要激起他們的想像，你必須盡可能地激起他們的多方面的感覺器官。

　　你可以利用觸覺，例如賣化妝品的時候，你可以讓她抹一抹，然後告訴她：

　　「這瓶化妝品你抹在臉上是不是感到很潤滑但不油膩，而且皮膚顯得更加白嫩。」如果你銷售的是紙張，你可以讓他們摸一摸：「你摸一摸這紙張的質地是不是很光滑，撕開一張看看裏面的纖維是不是很均勻，再聞一聞是不是有一種新鮮的紙香氣。」

　　事實上，讓客戶親自動手，他才會找到感覺，才會有第一手的經驗，這比你做示範更有說服力。你只需要準備一些支援性的資料，包括廣告宣傳單、圖表、說明書等等，以充分的證據幫助你做解說。讓客戶親手操作的好處是引發客戶的購買慾望，對他們的感觀進行全方位的說服，而願意試用產品的人至少有一半購買的意願。

　　如果你要銷售一處假日度假中心。用說服具體化的方法你可以通過構圖，全方位地激起客戶的感官世界，從而引起客戶的想像。

　　聽覺——「你可以聽到海浪衝擊的聲音，還有海鷗的叫聲。」

　　嗅覺——「你可以聞到松樹或剛剛收割的稻稈的香氣。」

　　味覺——「你可以去逛逛那裏的鄉村商店，拿起那裏的草莓，嘗一粒——那酸酸、甜甜、花蜜般的味道。」

　　觸覺——「你取來一支獨木舟的划槳，那木頭十分平滑，而且用手握起來十分舒服，讓你覺得充滿活力。」

保留餘地成交法

在客戶步步逼近時，要把你所保留的有利條件有步驟、有條理地呈現到客戶面前，這會為你贏得更多的利益，也會讓客戶更加珍惜成交機會。當成交結束後，你也可以把某些條件拿出來作為對客戶的額外補償，這會增加顧客的滿足度，也使他們對這次成交更具信心，從而有利於今後的繼續合作。

在為自己保留餘地時，一定要適度，如果你保留的餘地太少，在關鍵時候，微小的餘地很難換取客戶較大的認同；如果您保留的餘地太多，又可能激發客戶愈加窮追不捨，而且還會使你在前期銷售過程中表現得更加捉襟見肘。

不要一下子把你所能承受的最低底線過早地透露給客戶，那不但無法獲得客戶的信賴，反而還會令客戶覺得沒有成就感，在不得已的時候向客戶做出的讓步，往往會贏得客戶更多的滿意。如果你一次性地把自己的有利條件全部用完，那麼當客戶提出新的條件時，你將徹底失去與他們交換條件的籌碼，那你很可能會徹底失去這次成交機會。

一、不要把談判籌碼一次就用完

在向客戶介紹產品的競爭優勢時，一些銷售人員認為，對公司產品所具有的各種競爭優勢介紹得越全面、越徹底就越有助於促進成交。其實，在實際銷售過程中，不見得你只要把產品的所有競爭優勢全部向客戶說明，就會對成交起到積極的促進作用，有時，銷售人員過早地把自己所能做到的所有有利條件全部透露給客戶，反而不利於成交的順利實現，因為你很可能會因為手中沒有任何籌碼而在之後的關鍵時刻沒有任何回轉空間。

1. 客戶總以為自己還可以得到更多

在接受銷售人員的產品銷售活動過程中，客戶常常會有這樣的想法：只要自己努力爭取，那麼一定還會獲得其他更有利的條件。所以，當銷售人員十分主動地一次性把自己所能做到的各種條件一一列出時，客戶通常並不認為銷售人員已經退讓到了極限，此時，即使銷售人員提出的成交條件已經可以滿足客戶很多重要需求，甚至已經在某些方面超出了他們的期望，他們仍然會期待得到更多。

對於客戶的這種想法，銷售人員不能責怪客戶「貪得無厭」或是「得寸進尺」，因為從以往的購買經驗來說，客戶只要努力堅持、不斷爭取，就可能迫使銷售人員做出必要的讓步，從而贏得更大的利益。沒有人願意白白放棄很可能屬於自己的利益，客戶在購買過程中同樣會努力為自己可能得到的更多利益不斷爭取。所以，銷售人員應該切實理解客戶的這一心理，並學會根據客戶的這一心理調整自己的成交技巧，以免自己在銷售過程中過於被動。

2.客戶會對自己努力爭取來的條件更感到滿足

客戶在購買產品或服務的過程中，面對同樣的成交條件，往往會產生不一樣的感覺。例如，如果這些成交條件是銷售人員在最初介紹產品的時候就早早提出來的，而且在之後的銷售活動中這些條件始終沒有發生任何變化，那麼客戶往往會為他們沒能贏得更多的利益而感到失落，即使這些條件符合他們的期望標準也是如此；如果銷售人員在最初介紹產品的時候只提出來一部份條件，然後在客戶的努力爭取下又在某些條件上做出一定程度的退讓，那麼最終即使這些條件仍然是原來的那些條件，客戶也會產生更大的滿足感，因為這畢竟是他們經過努力爭取得來的。

客戶的這種心理同樣可以理解。因為，在最初，無論銷售人員多麼強調他們已經亮出了最後底線，客戶都希望自己能夠在這場交易過程中贏得那怕一丁點兒的主動權，而通過自己的努力爭取到的相關利益就是他們購買主動權的充分體現。因此，銷售人員不要自以為誠懇地率先把自己的全部底牌過早地亮出來，而應該結合客戶的這一心理需求，讓客戶在整個銷售活動中恰當地展示自身的主動權。

總而言之，適度地保留一定的餘地，是基於客戶的心理需求所採取的一種成交技巧，實踐證明，在很多銷售活動當中，這種方法都可以為銷售人員贏得更多的客戶滿意度，最終有力地促進成交的實現。所以，在實際的銷售過程當中，銷售人員對產品的某些優惠措施可以先保留不談，到了萬不得已的地步，或者到了實現成交的關鍵時刻再拿出來。這種方法對於促進成交的順利實現具有十分顯著的作用，而且在關鍵時刻，銷售人員還可以把這些預先保留的有

利條件當作換取客戶某些回報的重要籌碼，這樣一方面可以促進成交的儘早實現，一方面還有助於贏得更多的主動權。例如：

「購買我們公司的產品還可以獲得一年的免費保養，如果您能夠一次性達到一定成交量的話，我們公司還將負責免費送貨上門……」

二、關鍵時刻要拿出你的「王牌武器」

在關鍵時刻，如果銷售人員能夠巧妙地將自己之前適度保留的餘地展現給客戶，往往會取得更多的客戶滿意度，如果能夠將這一成交技巧運用得當，那很可能會使你的銷售「山重水複疑無路，柳暗花明又一村」。因此，在具體的銷售活動當中，如果銷售人員能夠根據當時的實際情形，巧妙地運用「保留餘地」的策略作為最後突破的手段，那麼往往能夠更有效地促進客戶做出成交決定。

保留餘地的目的是為了給之後的銷售活動留下足夠的回轉空間，所以在選擇這種成交技巧的時候，銷售人員要確保自己所準備的「儲備武器」具有一定的分量，以便在關鍵時刻起到有效說服客戶的目的。如果銷售人員所準備的「儲備武器」分量不夠，那麼即使你在關鍵時刻將其拿出來作為對客戶的補償，客戶也很可能會對這樣的條件感到不屑，從而無法實現成交。

當然，銷售人員在給之後的銷售活動留下足夠回轉空間的同時，首先要保證自己前期的銷售活動能夠順利展開。如果一心想著給後面的銷售活動留下足夠餘地，反而使自己的前期銷售活動缺少一定的施展空間，那同樣起不到有效說服客戶的作用，甚至會讓客

戶在前期銷售活動中就產生巨大不滿。

所以，在選擇保留餘地成交法與客戶進行交流的過程中，銷售人員必須掌握一定的度，既要保證自己在前期向客戶介紹產品或服務的競爭優勢時能夠引起客戶的興趣，又要盡全力做到在關鍵時刻可以拿出有利的條件促進客戶做出成交決定。例如，銷售人員可以在前期銷售活動中針對客戶的主要需要介紹產品或服務的競爭優勢，把一些客戶起先沒太注意的細節條件留起來備用，這些細節條件雖然在一開始客戶不會給予太多關注，可是在接近成交的時候，客戶往往會在這些細節利益上努力爭取。例如：

銷售人員：「我們公司的產品最大的特點就是質量完善、性能優良……」

客戶：「我還是有點擔心，畢竟從來沒有用過你們公司的產品，不知道質量是否真的像你說的那麼有保證……」

銷售人員：「您有這方面的擔心實際上很正常，其實我們公司早就為您有效地解除了這些後顧之憂，您看，這是我們公司的客戶服務內容，這裏面專門針對您的擔心制定了一份條款，如果您在使用戶品的一年之內出現了任何質量問題，都可以到我們公司進行免費維修或調換，而且……」

當銷售人員事先對某些有利條件有所保留之後，接下來需要考慮的問題就是什麼時候把這些條件拿出來才能夠發揮最大效用了。具體選擇怎樣的時機，必須結合具體的客戶反應和具體的銷售情形來決定。一般認為，銷售人員可以在客戶對已有條件感到不夠滿意時拿出你的「儲備武器」；在客戶認同大部份條件，但是仍然有所猶豫時，同樣可以巧妙利用這種方法；有時，在成交實現以後，也可

以運用這種方法來免除客戶的後顧之憂，或者進一步堅定客戶對你的認可。具體在這些時機如何運用這種方法，如下例所示：

例一：

客戶：「產品的質量和性能大多數公司都能做到，而我更關心的是外部包裝，因為這畢竟是當作禮品送出去的⋯⋯」

銷售人員：「我知道您的意思了，您看這樣好不好，我們願意為您提供免費的特殊包裝，現在咱們先商量一下包裝問題，然後把咱們協商的結果寫到合約上，到時候⋯⋯」

例二：

客戶：「你們的產品質量確實多年以來一直都有著良好口碑，而且客戶服務的水準也很不錯，可是我現在並不急著購買，等節假日做活動的時候也許會打折呢！」

銷售人員：「看來您對我們公司的產品非常瞭解，不過您可能不知道，今年我們公司打算推出一款新系列產品，所以只會針對新產品進行促銷，而現在才是您喜歡的這款產品的促銷期。如果您願意現在購買的話，我試著向經理申請再給您打打折⋯⋯」

例三：

客戶：「看來我最終還是被你說服了⋯⋯」

銷售人員：「這不也是您想要的結果嗎？而且我們還可以為您提供免費送貨上門，您現在只要回去等著驗貨就可以了⋯⋯」

27

讓客戶說出他願意購買的條件

如果你想把產品銷售出去，那麼最好知道客戶究竟想要些什麼。

如果發現你的產品特徵符合客戶提出的某些產品要求，那你就要趕快表明產品的這些優勢。

當客戶認為你的產品不夠好時，那你可以問問對方什麼樣的產品可以令其感到滿意。

即使你的產品在某些方面達不到客戶要求，那也沒什麼可怕的，這其實很正常，如果你能讓客戶認為這些特點微不足道，那你的銷售就接近成功了。

一、不要怕「拒絕」而退縮，而要知道「客戶要什麼」

雖然客戶已經提出了一大堆拒絕購買的原因，可是這並不意味著你的產品達不到對方的理想要求。聰明的銷售員會暫時不去考慮客戶提出的一大堆拒絕理由，而是想辦法讓客戶說出他們期望中的產品應該包含那些特徵。如果客戶願意開口說出自己期望的產品特徵，那麼就意味著你已經穿過了客戶鑄造的銅牆鐵壁，找到了一條

通往成功的道路。

　　約翰·柯威爾曾經在惠普公司擔任銷售代表，當他為惠普服務時，惠普公司才剛剛涉足於資訊領域，當時幾乎資訊領域的所有客戶都只知道 IBM。

　　有一次，約翰·柯威爾準備到一家公司銷售惠普電子設備。可是在他剛剛表明身份時，那家公司的經理就告訴約翰·柯威爾：「你不需要在這裏浪費時間，我們一直以來都與 IBM 保持著良好的合作，而且我們還將繼續合作下去。因為除了 IBM，我們不相信任何公司的產品。」

　　約翰·柯威爾仍然微笑著注視那位公司經理，他的聲音中沒有半點沮喪：「史密斯先生，我想知道，您覺得 IBM 公司的產品確實值得您信賴，是嗎？」

　　公司經理回答：「那當然了，這還用說嗎？」

　　約翰·柯威爾繼續問道：「那麼，您能否說一說，您認為 IBM 公司的產品最令您感到滿意的特點有那些？」

　　公司經理饒有興趣地答道：「那要說起來可就太多了，IBM 的產品質量一直都是一流的，這一點大家有目共睹。而且這些產品的研究技術在全球也沒有幾家公司可比。更重要的是，IBM 有著多年的良好信譽，它幾乎就是權威的標誌。我想僅僅是這些特點，就很值得我繼續與其保持合作了。」

　　約翰·柯威爾又問：「我想，您理想中的產品不應該僅僅包含這些特徵吧？如果 IBM 能夠做得更好，您希望他們有那些改進？」

　　公司經理想了想回答說：「我希望某些技術上的細節更加

完善，因為我們公司的員工有時會埋怨某些操作不夠簡便，可是我不知道現在有沒有辦法解決這些問題。當然了，如果 IBM 願意的話，我還希望產品的價格能夠再降低一些，因為我們公司的需求量很大，每年花在這上面的費用一直居高不下。」

約翰·柯威爾此時胸有成竹地告訴公司經理：「史密斯先生，我要告訴您一個好消息，您的這兩個願望我們都可以滿足。我們公司的技術人才同樣是世界一流的，因此對於產品的技術和質量水準您都不用擔心。同時，正因為我們公司的這項業務剛剛起步，所以操作起來就更加靈活，我們的技術部門完全可以按照您的要求對貴公司訂購的產品進行量身定做。而我們的價格更低，因為我們的目的就是先以低價策略打開市場，贏得一些像您這樣的大客戶的支援。」

看到自己提出的幾項條件惠普基本都能滿足，公司經理當即表示先購進一小批產品試用。

當然，要想讓客戶說出自己願意購買的條件，還需要銷售人員根據實際情況審時度勢地運用一定的技巧。既要達到讓客戶說出購買條件的目的，又要採取一定手段暗示客戶，提出的條件必須合情合理，不能完全站在自己的立場上考慮問題。例如：

「那款 Y 型多功能消毒碗櫃與您挑選的這款相比在製作技術方面的確存在一定差距，不過兩種產品的價格也有著天壤之別……各方面條件相互權衡一下，您認為我們做到那些能夠令您感到滿意？」

注意，在對比的時候，一定要選擇一款客戶絕不會接受的天價產品相比較，這樣才可以顯示出你的產品在現有的價格水準上已經

表現不錯了。

二、強化自己的優勢

當客戶說出願意購買的產品條件時，銷售人員首先要在內心將客戶的理想產品要求和本公司的產品特徵進行對比，明確那些產品特徵符合客戶期望，那些客戶要求難以實現。在進行了一番客觀合理的對比之後，銷售人員就要針對能夠實現的產品優勢對客戶進行勸說。例如：

「您提出的產品質量和售後服務要求，我們公司都可以滿足。您可以親自感受一下產品的質地和製作技術……我們公司為客戶提供的服務項目包括很多種，如……」

在強化能夠實現的產品優勢時，銷售人員必須表現出沉穩、自信的態度，而且必須保證自己的產品介紹實事求是。同時，還有一個問題需要引起銷售人員的注意：你要強化的是產品的優勢，而不是最基本的產品特徵，介紹這些優勢時必須圍繞客戶的實際需求展開，要從潛意識裏影響客戶，讓客戶感到這些產品優勢對自己十分重要。例如：

「擁有一件這麼有品位的產品，肯定會讓週圍的朋友羨慕您的。到時候，您一定要推薦他們到我這裏來購買喲！」

「現在簽下訂單的話，明天早上您就可以邀請朋友一起聯網了。我們不但免費送貨，而且還可以免費為您開通……。這麼有個性的滑鼠是為這種型號的電腦專門配置的，這是目前市場上最新款的個性滑鼠。」

三、淡化本身的弱點

　　無論銷售人員多麼努力地向客戶表明產品具有的各項優勢，可是聰明的客戶很快就會發現，你銷售的產品必定會在某些方面達不到客戶理想的產品要求。此時，要主動出擊，以免客戶步步相逼而使自己處於被動地位。

　　例如，當你的產品價格達不到客戶要求的水準時，你可以運用以下方法來弱化客戶的異議：

1. 化整為零法

　　在德國柏林某個街頭的廣告柱上寫著這樣一段話:「這塊地段租金每天為 0.56 歐元。」這個數字看起來不算大，但實際上人們需要支付的租金應該是 0.56 歐元×所租地段面積×租用天數,折合下來是一筆非常高的數目！也許柏林街頭的這塊廣告牌可以給許多銷售人員以提示。

2. 只提差價

　　這種方式適用於很多銷售場合，例如：

　　「只要多付 700 元，您就可以享受地道的北歐風情。」

　　「您提出的價格只能獲得比這個小三號的沙發，可是那樣的話您的客廳就顯得不夠氣派了，只要多付 1200 元，您就可以讓您的整個房間提高一個檔次，何樂而不為？」

3. 進行貼近生活的比較

　　這要求銷售人員對自己的產品有著相當程度的理解，而且這種理解必須要符合大多數人的生活習慣。例如：

「這種款式的車雖然耗油量大，可是從它與同類型車的比較中不難發現，如果把其他車高出的價格用到這款車的耗油上，您就已經節省了兩年的油錢！」

「您只要每天少抽一隻煙的話，就可以享受到這個產品帶給您的便利了……」

心得欄 _____

_____

_____

_____

_____

_____

28

適度給予壓力的「威脅」策略

「威脅」策略也許是銷售成功的又一途徑，告訴客戶，如果他不購買你的產品，那他就會遇到怎樣的麻煩或問題。

沒有人願意被威脅，客戶更是如此。銷售人員可以通過基於客戶需求的認真分析，對客戶進行善意的提醒。

當銷售人員告訴客戶，他（她）此時不購買產品可能會失去某些利益時，對客戶的觸動可能要比告訴他（她）這種產品多麼好要更大。

「威脅」策略應該與產品優勢說明等正面說服方法相互結合，否則的話，就會引起客戶的不安，從而造成溝通中出現不愉快的局面。

一、暗示客戶可能喪失某種利益

像很多商家開展的「限期促銷活動」等，除了可以創造一種熱烈的銷售氣氛之外，所謂的「限期」其實都在向客戶傳遞一種「超過期限就不能享受如此優惠」的意義。而消費者也對商家有意無意傳遞的這種意義心知肚明，所以很多消費者都會選擇在節假日或企業推出的促銷活動期間進行「瘋狂購物」，即使需要排隊等待也樂此

不疲。

　　與商家集中組織的這類活動相比，銷售人員個人與客戶進行溝通談判時，可能要面臨更多的客戶異議，因為客戶此時不是主動購買，而是需要銷售人員的說服。如何說服他們下定決心呢？也許任憑銷售人員說盡產品的益處，客戶也無動於衷吧。

　　面對這種情況，銷售人員必須改變策略，至少不要讓自己的說服形式過於單調，而向客戶提出「假如此時不購買我們的產品，您將會受到……損失」的暗示，就是一種打動客戶的有效方式。在進行這類暗示時，銷售人員首先要弄清楚客戶最關注的產品優勢是什麼，不要在一些客戶不太關心的細枝末節上大費週折；同時，銷售人員在溝通過程中必須進行客觀、實際的暗示，絕不可以用謊言欺騙客戶；另外，銷售人員必須在尊重和關心客戶的基礎上，有技巧地進行說服，否則可能引起客戶的強烈不滿。

　　合理而巧妙的暗示可以堅定客戶購買產品或服務的決心，而且還可以促使客戶更主動地縮短溝通時間。所以，掌握這種說服技巧不僅有助於銷售人員增加銷售業績，而且還可以提高自己的工作效率。例如：

　　李大同是某保健器材的銷售人員，他在一位老客戶的介紹下認識了某公司的黃總。李大同在見到黃總之前就得知，對方對父母的健康非常在意，而且只要認準了產品就不會在價格上斤斤計較。

　　當李大同與黃總寒暄過後，李大同向黃總介紹了這種保健器材的一些功能和特點。黃總說他目前沒有這方面的需要，如

果有需要的話，他一定會與李大同聯繫的。李大同聽出，黃總是在下逐客令。可是李大同並沒有在意，他又說：「聽說您的母親就要過 70 大壽了，人生七十古來稀呀，不過以您母親的身體狀況就是再活 70 年也沒問題呀！」

黃總聽了慨歎道：「哎，雖然我母親保養得一直很好，可是畢竟年齡大了，身體一日不如一日了呀，最近就時常鬧些小毛病。」

李大同說：「其實老年人身體狀況不好光靠吃藥是沒用的，關鍵還是要經常做些有益的運動，這樣一來可以增加身體的抵抗力，二來還可以使他們在運動的過程中保持一個良好的心情。」

黃總仍然神色嚴肅地說：「以前他們也出外參加一些活動，可是最近他們自己總覺得太累，再說我也怕他們到外邊活動，出現什麼問題不好及時處理。這個問題愁壞我了。」

李大同接著說：「我們公司的產品正好可以幫您解決這個難題……」

在說明了使用這種保健器材的一系列好處之後，李大同看到黃總已經有了點購買產品的意思，他想現在應該是趁熱打鐵的時機了，於是他又說：「如果您不能在母親 70 大壽的時候送給她一件有意義的禮物，那她一定會很失望的。而這種保健器材不僅可以讓她老人家感受到您的孝心，而且每次看到它時，老人家都會想起自己這個值得紀念的生日的。這種保健器材我們銷售部只剩下 3 台了，如果您現在不買下的話，等到您想買的時候恐怕就要賣完了，到時候只能等公司總部發貨過來。如

果那樣的話，那您一定會感到遺憾的。」

「好吧，我現在就要貨，你先把它送到我的辦公室，我想等母親生日那天給她一個驚喜。」黃總已經迫不及待了。

二、提醒客戶可能面臨某種風險

除了從產品或服務中獲得某種利益或者降低一定的成本之外，客戶在購買產品或服務時可能還會考慮一定的安全或健康需要。當發現客戶對產品或服務可以滿足的安全或健康需要比較關注時，銷售人員可以巧妙地提醒客戶，如果不及時購買此類產品或服務，那麼他們將失去重要的安全或健康保障。當正常的產品價值說明起不到決定性作用的時候，這種反方向的說明往往更能觸動客戶的內心。

銷售人員應該如何利用這種正反結合的說服方式呢？不妨學學下例中銷售大師的做法：

山本先生完全有能力購買家庭保險，而且他也很關心自己的家人。可是當原一平勸他投保時，他總是提出異議，並且進行了一些瑣碎且毫無意義的反駁。原一平意識到，如果不用點什麼好對策的話，這次談判大概不會成功了。

原一平凝視著山本先生說：「山本先生，實際上您對自己購買家庭保險的要求已經十分明確了，而且您也有足夠的能力支付相關的保險費用，更重要的是，您比任何人都關愛家人的安全和健康。不過，您仍然不能下定決心購買保險，這可能是我此前向您介紹的保險方式不太適合您。也許我不應該讓您簽

訂這種方式的保險合約，而應該簽訂一種『29 天保險合約』。」

山本先生顯然不明白原一平說的這種保險合約是一種什麼保險方式，於是他問道：「『29 天保險合約』？這是一種什麼保險方式？」(勾起了客戶的好奇心)

山本先生的疑問完全在原一平的意料之中，他向山本先生解釋說：「簡單地說，『29 天保險合約』與過去我向您介紹的合約保險金額是相同的，滿期退還金也是完全同額的。而且『29 天保險合約』還具有和同類保險同樣的重要功能：第一，設想您萬一失去支付能力而無力交納保險費用，或者因為意外事故而造成死亡時，則約定『免交保險費』；第二，假如出現上述問題時，保險公司必須要對您履行『發生災害時增額保障』的義務。希望您不要介意，這完全是為了說明這個問題進行的設想。」

停頓了片刻之後，原一平繼續說道：「這種『29 天保險合約』還有一個特點，那就是購買這種保險的人只需要花費正常規模保險合約 50%的保險費用。從這方面來說，它似乎更符合您的要求。」

山本先生的確對這個條件很感興趣，這從他吃驚而喜悅的神色中就可以看出來。他又問原一平：「既然它可以擁有與正常規模的保險合約同樣的保險金額和保險條件，為什麼只要花費 50%的保險費用就可以了？這個『29 天保險合約』應該還有一些特殊的要求吧？」

原一平知道這下才到了談論問題實質的時候了，不過他並沒有表現得相當急切，而是仍然用不緊不慢的語調說道：「山本先生，您提出的這個問題正是我接下來要介紹的，這種保險最

獨到的特點就是您這一問題的答案。所謂的『29天保險』就是指您每月受到保險的日子是 29 天。例如這個月是 4 月份，有 30 天，您可以得 29 天的保險，只有一天除外。這一天您可以隨意選擇。您大概會考慮星期六或者星期天吧？因為這種休息時間您通常可以自由支配。」

稍微停頓了一下之後，原一平繼續說道：「不過，您打算如何支配您的休息時間呢？為了更有保障，您可能會選擇呆在家裏。其實據有關統計數據表明，家庭這個地方是最容易發生危險的地方。」說著，原一平將一些統計資料交到山本先生手中。

剛才還出現在山本先生臉上的喜悅表情這時已經蕩然無存了。原一平此時將聲調提高了一點，他說：「山本先生，如果您現在馬上讓我從您家出去的話，我會認為那是情理之中的事情。因為我說了不應該說的事情，我提議的這種保險方式是對您和家人的不負責任，而您對家人的責任感卻相當強烈。我在說明這種『29天保險』時說，您每月有一天或者兩天沒有保障，我擔心您會想：『如果我正是在這個時間裏發生意外傷害怎麼辦？』」

山本先生很誠懇地點了點頭，表示認同原一平的說法。

原一平直視著山本先生說：「山本先生，請您放心。剛才我提出的這種『29天保險合約』只是我冒昧地說說而已，目前我們公司並不認可這種保險方式。所以，您不必為剛才的想法所擔心。我相信，您早就意識到了正常保險規模的意義。有了這種保險，您一週 7 天之內的任何一天都有足夠的安全保障，

在一天 24 小時裏的每一小時都不會被忽略。不管在什麼地方，不管您是在工作、出差還是休閒，您都會享受到安全的保障，您的家人也會得到這樣的保障，這一定正是您所希望的吧？」

此時山本先生還有什麼可說的呢？他高高興興地購買了費用最高的那種保險，因為他要保證自己和家人時刻都處於一種足夠安全的保險體系當中。

心得欄 _____

_____

_____

_____

_____

_____

29

要勇敢提出超底線的要求

如果您想得到 100，那麼你最好提出 150 的要求；如果您只提出 100%的要求，那您也許最多能得到 50%的滿足。這是商業談判中的一條鐵律。

先對自己銷售的產品或服務進行科學評估，設定一個既能實現自身利益又可以讓客戶接受的底線。

底線的設置不僅僅局限於產品或服務的價格，還包括預付款、成交額等等。

要有技巧地提出要求，既要超出底線，又要保證客戶有興趣繼續與你溝通。

要在提出的要求與底線之間有目的、有技巧地讓步，不要讓客戶產生「施一點壓力就能獲得一部份讓步」的感覺。

一、要事先確定我本身可接受的底線

銷售人員與客戶之間的溝通有時表現為相互進攻，有時表現為各自堅守陣地，更多的時候，是進攻與防守的結合運用。

銷售人員：「如果購買量達不到 1000 箱的話，那就不能享受八折優惠。」（「1000 箱的銷售量」屬於進攻行為，「八折優

238

惠」為防守策略。)

　　客戶：「如果這種產品的價格不能享受七折優惠的話，那我就只能選擇其他產品。」（「七折優惠」是進攻行為，「不購買產品」為防守策略。）

　　在進攻與防守策略靈活運用的各個溝通環節當中，銷售人員應該學會掌控整個溝通局面，而不要令自己被動地圍著客戶提出的種種條件團團轉。要想掌控全局，在每次與客戶溝通的過程中，銷售人員都需要在關鍵問題上事先確定一個合理的底線，例如產品價格不能低於多少、不符合某種購買條件時不提供某種免費服務、客戶最晚不超過多長時間付清貨款等等。

　　如果不能事先確定一個底線，那麼在與客戶溝通的過程中，銷售人員就很容易處於被動局面，這樣就容易使自己和公司喪失許多利益，從而出現銷售了產品卻賠了錢的情況。如果銷售人員通過充分的準備工作，事先確定了一個合理的底線，那麼在與客戶溝通時就會擺脫被動局面，從而有效地實現自身利益和公司利潤。如下例：

　　由於種種原因，主辦第23屆洛杉磯奧運會的重任落到了彼得·尤伯羅斯身上，這是歷史上第一次由私人主辦的奧運會。尤伯羅斯面臨著一個非常重要的問題：必須把奧運會有關項目的贊助權銷售出去，才能獲得資金籌備奧運會。如果這些「贊助權」不能被成功銷售出去，或者銷售費用太低，那麼洛杉礬奧運會的順利舉行將會受到嚴重掣肘。為此，尤伯羅斯為飲料業贊助商投標時，設置了自己的最低心理底線——400萬美元，給媒體行業的電視轉播權投標時，他又定了2億美元的天價。在當時，這些價格都是前所未有的，當得知尤伯羅斯確定這樣的價格底線時，很多商家都表示要堅決地

239

退避三舍。可是尤伯羅斯知道,很多商家的聲明都是一種策略,沒有一個商家不希望自己能夠獲得奧運會的贊助權,只要他們有這樣的實力,就一定會認真考慮的。

帶著這些令人咋舌的價格底線,尤伯羅斯一次又一次地與各個行業的商業巨頭在談判桌上進行溝通。尤伯羅斯遊刃有餘地週旋於各大商業巨頭中間,他和商業巨頭們展開了形式多樣的溝通和交流,他表現得相當靈活。但是每當涉及投標價格的討論時,尤伯羅斯都表現得相當堅決,到後來,他甚至在價格方面已經不做任何解釋了。

當尤伯羅斯在價格問題上幾緘其口之時,各大商業巨頭之間展開了明爭暗鬥的競爭。結果,他從可口可樂公司那裏得到了 1260 萬美元,從美國廣播公司那裏得到了 2.25 億美元。

在設置談判底線時,銷售人員需要注意以下問題:

1. 利益最大、損失最小原則

這裏所說的利益,既包括銷售人員個人的人格、尊嚴、經濟利益等,也包括銷售人員代表的公司利益。如果不能使自身獲得利益、減少損失,那麼這樣的底線就沒有絲毫意義。

2. 考慮客戶的接受範圍

銷售人員及其所代表的公司與客戶之間的關係應該是一種雙贏關係,客戶可以滿足自身的某種需求,銷售人員及其所代表的公司可以獲得一定利潤。只有實現這種雙贏,才能達成交易,並且維持更持久、密切的客戶關係。如果銷售人員只考慮自己的利益最大化,而絲毫不考慮客戶的要求,只能使整個銷售溝通陷入僵局,同時也不會形成良好而持續的客戶關係。所以,設置底線時,銷售人員不

僅要考慮自身利益的充分實現,同時還必須結合客戶情況進行設置。

3.盡可能地堅持底線

在確保底線設置合理的前提下,一旦確定底線,那麼無論客戶提出怎樣的條件,銷售人員都要盡可能地堅持底線。也就是說,銷售人員可以在堅持底線的前提下靈活讓步,如果超出了底線,那麼寧可失去客戶也不要放棄底線。這是因為,當銷售人員輕易地放棄底線之後,客戶恐怕還會一而再、再而三地要求讓步,這並非是客戶在得寸進尺,而是銷售人員的表現激勵著他們希望爭取獲得更大的利益。

二、讓你的要求高出底線

雖然在溝通之前,銷售人員已經有了一個明確的底線,而且確定在滿足底線的情況下,公司利潤就可以充分實現。但是,在通常情況下,銷售人員不可以在溝通之初就向客戶表明底線。那些經驗豐富的銷售高手們都知道,要想在滿足底線的前提下爭取到更大的利潤,就要提出超出底線的要求。簡單地說,如果你想將產品至少賣到 10 美元,那麼你在第一次報價時,一定要報出超過這個底線的價格。

只有銷售人員提出的要求超出自己期待的最低目標,即超出底線,才有可能獲得更大的利益。如果過早地提出自己的最低目標,那不僅會失去獲得更大利益的機會,而且還會使整個溝通過程缺少互動。而對於客戶來說,如果銷售人員在提出一口價之後,就再也不做絲毫讓步,即使銷售人員的要求比較合理,客戶也會感到不滿

意；如果銷售人員先提出一種較高的要求，在經過幾次努力之後，讓客戶得到一定程度的優惠，客戶會因此而感到滿意，儘管達成交易的條件實際上仍舊超出銷售人員的底線。當然了，銷售人員必須結合約類產品的市場情況以及競爭對手的各項資訊來提出要求，如果盲目地漫天要價，那無異於將客戶趕出門外。

為了更形象地理解以上問題，看看以下案例：

例一：

客戶：「這款汽車多少錢？」

銷售人員：「公司規定這款汽車不能低於 18 萬 9 千元，可以一次付清，也可以分期付款。」

客戶：「這個價位可不低呀！我看到××處有一款車和這款車看上去差不多，可是價格卻低了將近 3 萬。」

銷售人員：「對不起，如果您覺得這個價位太高的話，可以考慮其他車型，這款車的確不能低於這個價格了。」

例二：

客戶：「這款汽車多少錢？」

銷售人員：「我想您已經對市場上的同類汽車有了一些瞭解，您覺得它值多少錢呢？」

客戶：「應該是在 20 萬元左右吧。」

銷售人員：「您說的這個價格的確可以買到其他品牌的同類汽車，不過這款車的價位是在 28 萬元左右，因為它是這週最新上市的，它的車頂上新加了全景天窗，內飾也採用義大利進口皮製……」

例三：

客戶：「這款汽車多少錢？」

銷售人員：「這款車的價位是 50 萬元，如果您對它非常感興趣的話，現在正好促銷期間，我們可以打 9 折。」

客戶：「為什麼這麼貴？打了折也比其他同類車貴一半……」

從案例可看出，雖然案例一的銷售人員提出的產品價格比較合理，但是他卻沒有考慮到客戶尋求平衡的心理。當客戶認為銷售人員不給自己任何討價還價的餘地時，他們就會對接下來的溝通失去興趣，從而放棄購買。案例三的銷售人員雖然率先提出了超出自己期望的價格，但是這個價格是完全脫離市場行情的，而且大大超出了客戶可以接受的範圍。客戶很可能會認為銷售人員是想狠狠地「宰」自己一筆，所以會迅速對這樣的銷售活動產生防範心理。只有案例二的銷售人員既巧妙地提出了超出自己期望的條件，又照顧到了客戶的要求，所以能夠和客戶展開進一步的溝通。

心得欄 _____

_____

_____

_____

_____

_____

30

「退而求其次」的策略

　　客戶常常會表現得比你更有耐性、更堅決，因為他們有多種選擇。如果你碰到某種已經沒有實現的希望，那不妨退而求其次，獲得客戶的認同。

　　不要低估客戶的談判能力，提前準備好應對客戶可能提出的難題。如果出現魚與熊掌不可兼得的局面且沒有迴旋的可能，那當然要按照利益最大、損失最小的原則進行抉擇。

　　退一步海闊天空，不要因為自己的固執而破壞大局的長遠發展。在重要問題上堅持到底，在次要問題上有選擇、有技巧地讓利給客戶。

一、當魚與熊掌不能兼得時

　　一些銷售人員常常在與客戶進行過一番溝通之後才感覺到，自己低估了客戶的談判能力。客戶步步緊逼，根本不給自己絲毫喘息的機會，銷售人員常常會被這種「來者不善」的客戶「逼」得無路可走。此時銷售人員會發現，客戶擺在了我們面前一個殘酷的問題：要想獲得 A 條件，那就必須在 B 問題上做出讓步；如果想要在 B 問題上佔據上風，那就要放棄 A 條件；如果堅持幾種條件同時實現，

那麼就只能放棄交易。

　　這種選擇對於銷售人員來說常常是十分艱難的，對於那些準備不夠充分的銷售人員來說更是如此。因為準備不夠充分的銷售人員在與客戶進行週旋時，本來就沒有太大的伸縮空間，被迫放棄自己設計好的任何一種條件，對於他們來說都不啻於魚與熊掌的抉擇。

　　銷售人員：「如果您對這種產品的各項條件感到滿意的話，那我們就可以商量合約上的細節問題了。」

　　客戶：「談到合約，我想知道你們對於付款方式有著怎樣的要求？」

　　銷售人員：「哦，您知道，在這一行業幾乎一直以來都採用先預付一半貨款再發貨的慣例，另一半貨款則要到確認沒有問題的 3 個月之內付清。」

　　客戶：「關於這個問題，我必須強調兩點：第一，我們要求先發貨，後付款，我們會在貨到之後檢查沒有問題的一年之內付清全部貨款；第二，如果你們一定堅持先付一部份預付款的話，那產品的價格必須再下調 5 個百分點。」

　　銷售人員：「可是我們早已經敲定了產品的最後成交價，而且這個價格已經不能再調了，如果再低的話，那我們就是在做賠本生意了。」

　　客戶：「那就必須按照我們的要求，先發貨，後付款，全款一年內付清。否則就沒有再談下去的必要了。」

　　相信不少銷售人員都遇到過類似於上例中的難題，遇到這種難題，無論那種選擇都不會令自己感到十分滿意，因為每一種選擇都意味著銷售人員必須放棄此前設想好的一些其他期望，否則的話，

就會影響整個溝通進程的順利進行。

　　不過，很多經驗豐富的銷售高手們會提前考慮這類情況的出現，他們會針對這些情況做出必要的準備，如此一來，當客戶讓他們在魚與熊掌之間做出抉擇時，他們會另闢一條蹊徑，從而達到「柳暗花明」的目的。例如：

　　銷售人員：「只要您現在簽合約，並且支付一半預付款的話，那我們會在 24 小時之內將產品免費送到您指定的地點。」

　　客戶：「如果覺得這次合作愉快的話，我們會考慮今後一直使用你們公司的產品。不過，我們公司從來沒有過先付一半預付款的先例，如果你們堅持先收一半預付款的話，那商品的價格就必須進一步調整，否則我們就會首先考慮另外一家公司的產品。」

　　銷售人員：「產品的價格已經不能再低了，就是這個價格我們公司能夠獲得的利潤已經相當微薄了，所以請您體諒體諒我們的難處。關於預付款的問題，公司一直都是這樣規定的，而且在行業內幾乎已經是約定俗成的事情了。當然了，如果貴公司覺得一半預付款有些多的話，那我們可以將預付款調整到 30%，不過剩餘款項的結清時間就要從一年提前到半年。您認為是提前預付 30%、半年付完全款合適，還是提前預付 50%、一年付完全款合適呢？」

　　像上例這種將球踢給客戶的做法適用於很多情況，這樣一方面可以使自己不必陷入客戶設置的艱難抉擇當中，另一方面還有利於促進交易的迅速完成。

　　雖然上面的方法有許多好處，但是如果客戶仍舊針鋒相對，堅

持要銷售人員進行多種條件的抉擇,那銷售人員就必須再三衡量其
中的利與弊——幾害相比擇其輕,或者幾利相比擇其重。科學地權
衡利弊,可以使銷售人員及其所代表的公司盡可能地獲得更多利
益、減少損失。注意,這種權衡必須基於長遠的、全局的利益,同
時也要兼顧眼前的現實利益。

二、退一步海闊天空

誰都希望魚與熊掌兩者兼得,但是如果現實條件不允許二者兼
得的情況下,銷售人員就必須後退一步。儘管有許多無奈,可是為
了達成交易,為了和客戶保持良好的合作關係,這些退步是具有非
比尋常的意義的。

當客戶針對某些問題對銷售人員咄咄相逼之時,銷售人員如果
堅持己見,那麼最後只能與客戶不歡而散,最終的結果是,不僅這
次交易沒有達成,而且此前花大量時間和精力建立的客戶關係也會
遭到一定程度的損害。所以,為了良好客戶關係的持續發展,為了
實現企業的長期利益,銷售人員可以在一些無傷大局的問題上做出
適當退步。

銷售人員還應該認識到一點,客戶之所以會針對某些條件進行
針鋒相對的擠壓,無非是為了實現自身利益最大化。在弄清這一點
之後,銷售人員可以提前針對客戶關注的主要問題進行充分準備。
例如客戶關注的是產品的質量和價格,那麼銷售人員就可以通過事
先準備好的各種論據讓客戶相信,他們提出的價格在市場上只能買
到質量較差的產品,而要想購買到你們提供的高質量產品,就必須

247

支付不能低於某一標準的價格。同時,銷售人員可以提供多種價格水準(自然不同的價格水準能購買到的產品質量也有一定差別)的不同質量產品讓客戶參照,這樣一來,客戶就會在要求銷售人員讓步的時候做好心理準備,而不會一味地要求按照自己提出的條件進行交易。

除了在客戶關注的主要問題上做好充分準備之外,銷售人員還應該根據實際情況在自己關注的問題上提出超出自身期待的要求。例如,你關心的是產品的價格和付款期限,那麼可以先提出自己理想中的價格標準和付款期限,這樣的話,當客戶提出條件時,你的讓步就更富於彈性。例如,你期望的價格底線是每箱貨 2000 元,付款期限是不超過一年,那麼您可以這樣與客戶溝通:

「我們的產品價格是每箱貨 2600 元,有很多大客戶一直以這個價格源源不斷地購買我們公司的產品,他們因此獲得的利潤是巨大的。付款期限最好在 3 個月以內,因為時間太長的話,我們公司的資金週轉就可能面臨問題了。」

這樣,銷售人員就有了更大的後退空間,不至於在面臨抉擇時顧此失彼。

三、轉移客戶關注的焦點

對於退而求其次的策略,並非是應付客戶要求時完全被動的方式。如果運用得當,銷售人員完全可以利用這種方式獲得更大的利益。

如何巧妙運用這一方式獲得更大利益呢?轉移客戶關注的焦

點,然後在一些無關緊要的問題上做出適當讓步,這就是一個避免被迫抉擇的好技巧。運用這一技巧的關鍵是如何將客戶關注的焦點轉移到那些無關緊要的問題上。

這時,銷售人員需要假裝對雙方都比較關注的問題不在意,甚至根本就略過不談,而把其他自己不太關心的問題置於比較引人注目的地位,讓客戶在你不太關心的細枝末節上大下功夫,而無暇顧及彼此都十分關注的問題,如價格等。具體如何實施這種技巧,可以借鑑下例中銷售人員的做法:

銷售人員:「這週是本公司促銷活動的最後一週了,您現在可以做出決定了嗎?」

客戶:「我還想認真考慮一下。」

銷售人員:「好的。這麼說,您對這種產品還是很感興趣的?」

客戶:「是有一點興趣,不過我需要花點時間好好想一想。」

銷售人員:「您不是為了打發我走,隨便說說的吧?」

客戶:「當然不是,我會認真考慮的。」

銷售人員:「好,我想您肯定還對這種產品有些不放心?是害怕我們不能按時交貨嗎?」

客戶:「是有一些這方面的擔心,你們的交貨週期通常是多長?」

31

不要阻止客戶說出拒絕理由

客戶可以單憑主觀拒絕銷售，但是銷售人員卻必須時刻保持理智，絕對不要輕易地捲入客戶的主觀情緒當中。

此時不要被客戶的表面藉口所蒙蔽，需要用心智和真誠來說服客戶。

面對客戶的防範和質疑，銷售人員需要用令人放鬆的氣氛和值得信賴的證據來化解。

與其對客戶拒絕感到恐懼，還不如對它加以利用，至少客戶的拒絕可以使你與客戶的溝通不至於太單調。

一、當客戶的拒絕只是主觀意見的反應時

與那些足夠理智和冷靜的客戶相比，有些客戶表現得相當主觀，這從他們的拒絕理由中就可以瞭解一二：

「我很討厭這種傳統的外觀設計，它看上去就像一個笨重的大木桶。」

「我聽朋友說過，他去年購買的這種產品非常不好用。」

「昨天晚上我做了一個非常不好的夢，今天我最好什麼東西都不要輕易購買，以免上當。」

「我知道，你們這類產品都是虛有其表的，我可不會輕易上當。」

這些主觀色彩十分濃厚的拒絕理由雖然明顯不夠理智，也沒有真正觸及到產品本身，可是這並不代表這些客戶容易被說服。實際上，主觀性強的客戶所提出的拒絕理由常常來自於他們自己的生活或心情，這就需要銷售人員掌握更靈活的處理方式了。例如銷售人員可以採取以下方式：

⑴對客戶的主觀意見不做實質性回應，等客戶發洩完了，再用自己的真誠和熱情引導客戶進入到愉快的溝通氣氛當中。

⑵用一種比較幽默的方式回應客戶的牢騷，不要企圖糾正或者反駁客戶的觀點。當你表現得足夠寬容時，客戶也許就不會再抱著自己的成見與你斤斤計較了。

二、當客戶用藉口當作拒絕理由時

有些客戶並不想明確地提出自己拒絕購買的真正理由，也許這些理由不便啟齒，也許他們是想用一種聲東擊西的戰術來獲得其他好處，總之，他們提出的理由大多只是藉口。此時，如果銷售人員誤把藉口當作真正的拒絕原因，就會「誤入歧途」，這種弄錯方向的銷售活動，最終只能與最初的目標越走越遠。

如果客戶不願意說出他們拒絕購買的真正原因，那銷售人員難道就只能像無頭的蒼蠅一樣到處亂撞嗎？銷售人員無論如何也不可能採取逼迫的方式讓客戶說出實情。那些聰明的銷售員自有一套妙招，強硬的逼迫不行，那不妨採取一些「軟」性的迂迴戰術。例如：

「您擔心的售後服務問題在我們公司是絕對不會出現的，這在合約上是有專門規定的，如果我們做不到那些，那我們損失的會更多。」

「您的顧慮我們可以理解，不過我想您真正在意的一定是其他問題吧？」

總之，對於客戶提出的任何藉口，你都不要輕易接受，可以採取逐個擊破的方法讓客戶接受你的銷售。

三、當客戶的拒絕只是一種自然防範時

有的客戶之所以拒絕銷售，完全出自於一種自然防範的心理。他們可能認為自己在與銷售員的溝通中處於下風，所以銷售員說的每一句話對他們來說都像一種進攻，如果讓他們掏錢購買產品或服務，那就更會令他們感到是一種冒險。而有時，客戶產生防範心理的原因完全出自於銷售員本身，可能銷售員表現得過於急切，讓客戶感到自己被步步緊逼，也可能是銷售員給客戶留下了不值得信任的壞印象等等。

無論出於何種原因，一旦發現客戶對自己表現出了防範意識，銷售員都要特別注意自己的言行舉止。要盡可能地用舒緩溫和的語調與客戶進行溝通，讓客戶感到放鬆，在溝通的過程中要拿出證明自己和產品信譽的實證來贏得客戶信任。當客戶感到放鬆並對你產生信任時，這種防範心理就會自然而然地得到消除。

明確告知購買這產品的好處

如果沒有實用、價值、服務等相關的好處，客戶是不會購買你的產品的。銷售人員的工作就是讓客戶相信，這種產品是符合需求、帶來利益的。

對於客戶來說，只有銷售人員說明產品可能為他們帶來的利益，他們才可能被說服。要想說服客戶，銷售人員就必須把產品特徵轉化為產品益處。

針對客戶的實際需求展開，否則就是徒勞。

一、明確那些是產品特徵，那些是產品益處

當銷售人員通過各種努力使銷售溝通進入到實質階段，客戶對銷售人員及其所代表的公司不再存有重重疑慮時，客戶的注意力就會被吸引到產品上來。此時，銷售人員需要向客戶提供相關資料，讓客戶知道你可以怎樣滿足他們的需要，這些其實也是客戶在這一階段更為關注的事情。

雖然銷售人員已經解除了客戶的某些疑慮，但這並不表示客戶已經認同了自己對所銷售產品或服務的需要。事實上，在這一階段，銷售人員的說服技巧將得到更大的考驗。要想說服客戶，銷售人員

就必須要讓客戶知道，購買這些產品或服務能夠帶給他們那些好處，這些好處是否正是他們所需要的。這就要求銷售人員必須首先明確，自己銷售的產品或服務能夠給客戶帶來怎樣正中下懷的優勢，而不僅僅是告訴客戶產品具有的特徵。

那些是產品特徵，那些又是產品的益處呢？對於這個問題，銷售人員應該在向客戶介紹產品之前自己就要弄明白。

1. 產品特徵指什麼

一般認為，產品的特徵就是指關於產品的具體事實，例如產品的功能特點及產品的具體構成等。例如下面的表述就屬於對產品特徵的介紹：

「這部電腦幾乎可以與所有其他軟體、硬體和電腦網路配合使用。」(這裏介紹的是產品的相關功能)

「這種產品是由國家技術檢測中心監督製造的，它裏面的零件全部經過高溫熔煉。」(這裏介紹的是產品的製造技術及構成要素)

「只要溫度不超過 240 攝氏度，這種產品就不會變形」(這裏介紹的是產品的適用條件)

2. 產品益處指什麼

產品益處是指產品特徵對客戶的價值。例如，某項產品特徵如何使客戶的某種需求得到滿足，或者某些特徵可以改善客戶處境等。介紹產品益處的方式如下例所示：

「這種設備操作方式極其方便，只需按下面板上相關指示按鈕即可，可以使您在任何時候都迅速而有效地創造效益。」(直接針對客戶對工作效率的要求，說明產品益處)

254

「採用先進技術製造的這款手錶，外觀設計製作精良，無時無刻不在彰顯您的品位。」(針對客戶改善個人形象的需要，說明產品益處)

「這種電腦方便攜帶到任何地方，您無論是辦公用還是出差用都相當輕便。」(針對客戶的使用需要，突出產品的實用價值)

二、把產品特徵轉化為產品益處

當銷售人員介紹所銷售產品的具體特徵時，如果不針對客戶的具體需要說明相關的利益，客戶就不會對這種特徵產生深刻印象，更不會被說服購買。

通常銷售人員們遇到的情況是：當自己口乾舌燥地向客戶介紹了一大堆產品的特徵之後，客戶臉上仍然是一副無動於衷的表情，當你停止介紹向客戶詢問意見時，他們的回答可能是：「那又怎麼樣？」或者是「這對我來說有什麼意義？」

可是，如果銷售人員針對客戶的實際需求，將產品的特徵轉化為產品的益處，客戶就會被這些利益所動，至少他們會知道，這種產品是可以令自己的某些需求得到充分滿足的。

強調所銷售的產品給客戶帶來的種種好處，可以引起客戶的注意和興趣，從而有助於銷售目標的實現。例如：

「這是我們公司最新推出的新型石英多功能鬧鐘。它既可以擺在寫字台上，讓您在讀書寫作時對準確時間一目了然。當您外出旅行時，它還可以折疊起來放到枕邊床頭，非常方便。

這種鬧鐘具有多種功能：它可以定時，還具有備忘錄功能——您只要提前進行設置，那麼它就會在您設置好的時間提醒您注意，例如您可以把家人的生日或者朋友的結婚日期提前設置好，這樣您即使再忙也不會忘記向他們傳達祝福；您還可以根據自己的喜好選擇不同的鈴音，這裏面一共收入了 36 種悅耳的鈴音；另外，這種鬧鐘還具有計算功能，有了它您就不必再另外購買計算器了……」

再次強調一點：說明產品益處時，必須針對客戶的實際需求展開。如果銷售代表提出的產品益處不符合客戶的需要，那麼這種產品的益處再大、再多也不會引起客戶的購買興趣。如下例所示：

某筆筒銷售員來到一家大型科研公司，他向該科研公司的辦公室主任介紹說：「您看這款筆筒的造型多可愛呀！如果把它放在您公司員工的辦公桌上，那將是一道多麼優美的風景線！我想整個辦公室的氣氛也會因這個小小的筆筒而變得更加活躍的。而且現在購買的話，我們公司將會做出 20% 的優惠。可以說這種筆筒是目前市場上難得的真正物美價廉的好產品。」

該科研公司的辦公室外主任在耐心聽完該銷售人員的介紹之後回答道：「對不起，我們公司一向提倡嚴謹務實的工作作風，而且我們公司一向都從實力雄厚的供應商那裏直接採購。所以，我們不需要貴公司的這種價格低廉、造型滑稽的產品。」

三、有效說明產品益處的方式

如何向客戶展示購買產品的好處？銷售人員可以結合「說」與

「做」兩種方式。

　　「說」即指用合適的語言向客戶表述購買產品為其帶來的好處，這時出色的表達方式就顯得尤為重要；「做」即指通過實物或模型展示以及其他行動，向客戶演示產品的用途或其他價值，這種方式適合小型商品的銷售，或者在展會及本公司進行銷售時也可以採取這種方式。

　　無論銷售人員以何種方式向客戶展示購買產品的好處，通常情況下都要圍繞著省錢、省時、高效、方便、舒適、安全、愛、關懷、成就感幾方面展開。

　　這裏主要介紹如何採用「說」的方式引起客戶的購買興趣。通常，銷售人員們向客戶說明產品益處時，會根據不同的客戶需求採取不同的說明方法。例如：

　　「產品時尚的外觀設計可以體現您超凡的品位。」

　　「產品先進的技術會給您創造巨大的效益。」

　　「高效的功能可以滿足您的多種需求。」

　　「方便的使用方法為您節省了大量時間。」

　　「優異的品質會讓您成為市場中的佼佼者。」

　　一些銷售專家還專門針對如何說明產品益處總結了如下有效句型，根據具體情況套用這些句型不失為一種既省時又省力的好方法。具體句型如下：

　　「會造就您……」

　　「會使您成為……」

　　「會把您引向……」

　　「會為您節省……」

「會為您創造……」

「可以滿足您的……」

「使您更方便……」

「減少了您的……」

「增強了您的……」

「有利於您進一步……」

「幫助您改善……」

「提高了您……」

「免去了您的……」

「您更容易……」

「使您有可能……」

心得欄 _____

_____

_____

_____

_____

_____

33

使用更精確的數據來說服客戶

如果能用小數點以後的兩位數字說明問題，那就盡可能不要用整數；如果能用精確的數字說明情況，那最好不要用一個模模糊糊的大約數字來應付別人。

使用的數據越精確，代表產品的質量越能引起客戶的重視和信賴。

一、精確數據一定能引起客戶的信賴

銷售人員經常會為這樣的問題產生苦惱：自己已經將產品的基本資訊傳達給了客戶，而且沒有一絲虛偽和誇張，可是客戶看上去仍然不能完全放心。客戶到底在擔心什麼呢？不要說銷售人員難以理解，就連客戶自己可能都不太清楚。面對難以理解的客戶質疑，有時，即使銷售人員反覆強調產品的種種優勢都無濟於事。這時，銷售人員可以考慮運用精確的數據來打消客戶的疑慮。運用精確具體的數據等資訊說明問題，可以增強客戶對產品的信賴，例如：

「試驗證明，我們公司的產品可以連續使用 5 萬個小時而無質量問題。」

「這種品牌的電器在全國的銷量都已經超過了 160 萬台。」

259

「的確，兒童食品尤其要講究衛生，我們公司生產的所有兒童食品都經過了 12 道操作嚴格的工序。另外，在質量監督機構檢查以前，我們公司內部已經進行過 5 次內部衛生檢查。」

現在，很多商家都意識到了這種方法的重要性，所以各大商家在廣告宣傳中也引用了精確的數據說明，例如寶潔公司某些產品的廣告宣傳：

XX 浴液：「經過連續 28 天的使用。您的肌膚可以⋯⋯」

XX 洗髮水：「可以經得住連續 7 天的考驗。」

XX 牙膏：「只需要一週，你的牙齒就可以⋯⋯」

和很多溝通技巧一樣，使用精確的數據雖然具有十分積極的意義，但是如果使用不當，同樣會造成極為不利的後果。為此，在運用精確數據說明問題的時候，銷售人員需要注意以下一些主要事項：

1. 必須保證數據的真實性和準確性

運用精確數據說明問題的目的就是要引起客戶的重視並增強客戶對產品的信賴，如果使用的數據本身不夠真實和準確，那就會失去其原本意義。況且，一旦客戶發現這些數據是虛假或錯誤的，他們就有充分的理由認為銷售人員及其所代表的企業在欺騙和愚弄消費者。這種印象一經產生，很快就會給銷售人員及企業帶來極為惡劣的影響。

2. 用影響力較大的人物或事件說明

要想使你列舉出的數據給客戶留下更為深刻的印象，銷售人員可以借助那些影響力較大的人物或事件來加以說明，由此增加客戶對你所銷售產品的信任度和重視程度。例如：

「某某明星從 XX 年開始就一直使用我們公司的產品，到

現在為止，她已經和我們公司建立了 5 年零 6 個月的良好合作關係。」

「這是某次奧運會的指定產品，僅那次奧運會就使用了 68720 箱這種產品。」

3.利用權威機構的證明

權威機構的證明自然更具權威性，其影響力也非同一般。當客戶對產品的質量或其他問題存有疑慮時，銷售人員可以利用這種方式來打消客戶的疑慮。例如：

「本產品經過 XX 協會的嚴格認證，在經過了連續 9 個月的調查之後，XX 協會認為我們公司的產品完全符合國家標準……」

二、僅僅提出數據是不夠的

使用精確的數據雖然可以加深客戶對產品的印象、增強論據的可信度，可是如果在溝通過程中一味地羅列數據，不僅達不到預期的效果，而且還會令客戶感到眼花繚亂。單純的數據羅列會令客戶感到你的解說非常單調，有時還會讓客戶產生你在故意賣弄的想法。這就如同人們說話時運用修飾語一樣，恰如其分的修飾語可以使你的表達更加形象生動，也可以向人們表明你的文采和才華。但是，如果張口閉口都是華麗的詞藻，那你就會給客戶留下華而不實、故意抖書袋的不良印象。

要想讓你的數據說明具有更強勁的說服力，銷售人員首先要挑選合適的時機。例如當客戶對產品的質量提出質疑時，你可以用精

確的數據來證明產品的優秀質量。

　　同時，銷售人員還要注意適度運用精確數據來說明問題，要懂得適可而止，不要隨意濫用。

　　除了注意挑選數據說明的最佳時機和把握一定的度，銷售人員還需要結合其他手段來配合精確數據的使用。例如：

　　某家電生產廠家新生產出一種質量上乘的洗衣機，這種洗衣機得到了國家認可的 5000 次無故障運行。為了迅速佔領市場，該廠家想出了一個絕妙的廣告宣傳方法：為了向消費者證明，這種洗衣機的質量正如同產品研發部門所說的「連續使用5000 次無質量問題」，這個家電生產廠家在王府井大街上的黃金地段租了一個小亭子，然後把新研發出的洗衣機放在小亭子裏供來往的行人參觀。那台洗衣機一直處於啟動狀態，而且完全公開地接受群眾監督，絕對不可能出現中途另換一台同樣洗衣機的現象。那台洗衣機迅速引起了人們的關注，結果在它連續無故障運轉了 5000 次以後，該廠家生產的這種洗衣機迅速佔領了大片市場，一舉成為消費者心目中的名牌產品。

　　另外，值得銷售人員注意的是，很多相關數據是隨著時間和環境的改變不斷發生改變的，例如產品的銷量和使用期限等。為此，銷售人員必須及時把握數據的更新和變化，力求提供給客戶最準確、最可靠的資訊。

34

解決客戶疑慮要對症下藥

客戶有疑慮不是壞事，這表明他們對產品有興趣或者有需求，積極地看待客戶疑慮有利於問題的解決。

面對客戶的懷疑或誤解，你首先要找到他們產生懷疑或誤解的原因，然後通過必要的溝通技巧加以消除。

一、解決客戶疑慮是銷售人員的責任

「客戶似乎總是對我們保持警惕，即使我們磨破了嘴皮，他們仍舊對我們的產品表示懷疑……」這是銷售人員經常抱怨的問題。其實當我們站在客戶的立場上思考問題時，這種抱怨就不會產生了。在每次抱怨之前，銷售人員不妨問問自己：

對於一個想要從自己口袋裏拿錢的陌生人，客戶怎麼可能不保持一定的警惕？

客戶憑什麼要相信我？

客戶怎麼會知道這種產品是不是值得信賴，是不是物有所值？
……

或者銷售人員應該在每次銷售失敗之後認真而深刻地反思一下自己的表現，弄清楚導致客戶疑慮的根源是不是來自於自己，例如：

是否你本身就對這次銷售沒有信心，甚至在與客戶溝通之前就產生了打退堂鼓的心理？

是否你害怕聽到來自客戶的拒絕和意見？

是否你在介紹企業和產品的時候語氣不夠堅定，神態不夠自然？

是否你表現得過於迫不及待，使客戶產生了「可能是一個陷阱」的想法？

......

銷售人員的表現和素質對客戶的購物心理將產生十分重大的影響，即使客戶起初並不排斥參與到銷售溝通的過程中來，但是當銷售人員的表現不當時，他們會很快產生疑慮，從而拒絕繼續溝通。

除了來自於銷售人員自己的問題，客戶的一些疑慮也可能與他們自己的某些主客觀因素有著很大關係。例如，如果客戶的性格優柔寡斷，那他（她）就很難迅速做出購買決定；如果客戶使用過性能不太好的同類產品，那他（她）就很容易對你銷售的產品產生懷疑。這些情況是經常存在的，它們也是導致客戶疑慮的重要原因。

雖然這些問題與你本人及你的產品沒有直接聯繫，但這卻與你的銷售結果息息相關。要想使你與客戶的溝通更加順暢，你就必須解決掉因這些問題導致的客戶疑慮，否則就只能甘於失敗。況且客戶所有的疑慮無非就是來自銷售人員本身、所銷售的產品或者企業的信譽度這幾個方面。

其實，無論客戶疑慮的問題來自於銷售人員及其所銷售的產品，還是來自於客戶本身，銷售人員都有義務擔當起解決這些問題的責任，而不應該輕易放棄，更不應該對客戶懷有任何抱怨。

二、解除客戶戒備心理的方法

很多時候，客戶拒絕購買的原因是出於對銷售人員的戒備心理，他們是對銷售人員的目的存有疑慮。對於客戶的這一疑慮，具體分析如下：

1. 表現症狀

客戶對銷售人員的戒備心理，一般從銷售人員自報家門的那一刻起就開始了。例如：

銷售人員：「XX 先生您好，我是 XX 保險公司派來的銷售代表……」

客戶：「你是保險銷售員？對不起，我已經購買過保險了……」

對銷售人員充滿戒備的客戶常常在一得知銷售人員的身份時就會忽然轉變態度，有一些客戶會在聽到銷售人員的自我介紹後態度驟然冷淡，有些客戶甚至看到穿著打扮像銷售人員的人就會立刻警惕起來。有一位學者曾講過這樣一個笑話：

兩個人正在那裏聊天，其中一個人問道：「如果比爾‧蓋茲現在突然要約見你，那麼您準備穿什麼衣服前去赴約？」

另一個人回答：「穿什麼都可以，只要不穿著西裝、打著領帶，再手提一個公事包。」

對方問道「為什麼？」

那人回答：「很簡單，如果你穿成那樣去的話，大老遠一看見你，比爾‧蓋茲就會認為你是來向他銷售保險的，還沒等

你走到跟前，他的秘書就會把你趕走……」

經過大量銷售人員的觀察和分析，我們總結出，客戶對銷售人員的身份懷有戒備心理時，常常會有以下表現：

(1)通過排斥性語言說明

這類客戶表現得比較直接，他們可能會直接告訴銷售人員，「我們這裏不歡迎任何銷售活動」，或者會用特殊的語氣表示質疑，例如：「你是銷售傳真機的？哼，又來一個銷售的，今天是怎麼回事？」

(2)通過動作表現

一些客戶可能礙於面子或者表示禮貌不會直接說明，但是他們的一些身體動作卻在告訴對方：「我可不願意相信你……」這些表示戒備心理的動作有很多，例如：雙手一直不停地擺弄一件東西；將衣扣一會兒解開，一會兒又扣上；蹺起二郎腿吸煙，還時不時地欠欠身；身體挺直，雙手緊緊抱在胸前；故意找一些其他事情做，像找幾張報紙看，或擦擦皮鞋和桌子等。

(3)通過表情和神態表現

當客戶的眼睛從上到下一直不太友好地打量你，或不停地東張西望時，通常表示他們對你充滿警惕。此時他們還可能雙唇緊閉、身體朝後傾，這表明他們不願意聽你繼續說下去，也不想向你透露任何資訊。

2.解決方法

客戶具有以上表現的實質通常都是對銷售人員的目的充滿質疑。在一些客戶看來，銷售人員的行為動機就是把他們口袋裏的錢設法掏出來。

為了打消客戶對自己的戒備心理，銷售人員最好不要在溝通一

開始就直截了當地說明自己的銷售意圖。那些成功的銷售高手們通常都會在拜訪客戶以前掌握充分的資訊，然後找一個客戶比較感興趣的話題，直到時機成熟時才引導客戶參與到銷售活動當中。例如：

銷售人員：「阿姨您好，今天天氣可真好啊，您的氣色看起來也不錯，是不是有什麼值得高興的事呀？」

客戶：「小夥子，真被你說中了，我兒子考上了名牌大學，今天上午剛剛收到錄取通知書。」

銷售人員：「那真應該好好慶賀慶賀，您的孩子可真不簡單，您也為他付出了不少心血吧？」

客戶：「是啊，從小這個孩子就……」

銷售人員：「……」

三、化解客戶對產品的誤解

由於曾經使用過劣質的同類產品，或者對產品具體特徵的瞭解不夠充分，客戶可能會對產品產生比較大的誤解。有時，銷售人員介紹產品的方式不夠恰當也可能引起客戶對產品的疑慮。

在實際溝通過程中，銷售人員發現客戶很容易對產品產生疑慮，有時候，銷售人員越解釋，客戶反而越懷疑。所以，有些銷售人員認為，這是產品自身的問題，即使自己再怎麼努力也於事無補；有些銷售人員則認為，自己銷售的產品各方面條件都堪稱優秀，是客戶不懂裝懂，甚至無理取鬧。

如果銷售人員持以上述觀點，那事情恐怕就真的無可救藥了，與客戶的溝通也只能歸於無效。可是銷售工作還要繼續下去，這種

問題如果不想辦法解決，那就永遠沒有銷售成功的時候。為了有效化解客戶對產品的誤解，銷售人員必須保持巨大的耐心，同時要積極看待客戶的疑慮。

1. 客戶疑慮中蘊藏的契機

有些銷售人員會對客戶先入為主的誤解表示不滿：「你以前用過的那種產品有問題，並不代表我銷售的產品也有問題呀！」其實站在另一個角度，銷售人員可以將這種現象理解為：既然客戶此前購買過同類產品，那就表明他(她)對這種產品具有一定的需求，只要我能夠證明自己銷售的產品性能好就可以了。

有時，客戶會因為不瞭解而對產品提出質疑。當客戶對產品可能存在的問題表示懷疑時，這表明他(她)對這種產品是具有一定興趣的——如果他(她)對產品沒有一絲一毫的興趣，又何必關心產品的質量是好是壞、價格是否公道？

如果客戶是因為一些道聽途說的事情對你銷售的產品存有不滿，請你不要責怪和埋怨客戶「聽信謠言」。此時，銷售人員如果換個角度，就會發現原來事情可以這般美好：客戶至少已經聽說過有關產品的一些消息，雖然這些消息並不真實，而且還有損你的產品形象。然而，正因為這些消息不夠真實，所以你完全可以用可信的證據當面向客戶解釋，這可是轉變客戶態度的大好時機。

2. 通過耐心和誠心消除客戶的誤解

客戶對產品的誤解程度各不相同，可能有些客戶對產品的誤解已經到了相當深的地步。對於這類客戶，銷售人員不可過於急躁，應該首先瞭解客戶疑慮的原因。例如：是否曾經有過不愉快的購買經驗，是從那裏聽到產品不好的消息等等。當瞭解到誤解產生的原

因之後,銷售人員還需要通過各種方式瞭解客戶的需求。例如:過去使用過的產品不能滿足其那些需要,希望產品具有那些特點才能滿足需求等等。只有對以上資訊有了充分瞭解之後,銷售人員才能針對具體問題採取相應的技巧,最終化解客戶對產品的誤解,達到溝通目的。

四、增強客戶對我們的信心

企業的品牌和信譽常常成為客戶關注的重要問題,他們很可能會擔心企業的品牌和信譽達不到某些要求。面對客戶的擔心,除了需要企業營銷宣傳的配合,銷售人員還需要在實際溝通過程中不斷增強客戶對企業的信心。

在整個銷售溝通過程中,對於客戶來說,銷售人員的形象通常就是整個企業形象的代表。所以,無論是外在形象,還是內在素質,銷售人員都應該提前做好充分準備。既要以一種自信、積極、熱情的形象給客戶留下良好的第一印象,又要通過得體的談吐、豐富的知識來獲得客戶認可。

如果銷售人員的表現不佳,客戶對企業的信心就會更加動搖,從而增加他們的疑慮。所以,銷售人員必須從自己的一言一行、一舉一動做起,讓客戶相信,擁有你這樣高素質、高水準人才的企業一定是一個可以值得信賴的企業。與這樣的銷售人員合作、與這樣的企業保持聯繫,他們可以放心。在這種時候,銷售人員可以利用具有影響力的機構、人物或事件說明問題,也可以把證明企業信譽的相關資料展示給客戶,例如權威機構的認證、獲獎證明等。

35

客戶需要的是證明

要想讓客戶接受你的產品，很重要的一點就是證明給他看。

強而有力的客戶見證，會讓你的客戶產生非常大的好奇心和信賴感，使他們接受這隱秘的說服，促使他們立刻行動。

在銷售的過程中，怎樣才能夠對客戶進行說服，讓他們對你的產品深信不疑呢？最好的方法就是證明給他們看。

有些銷售員在銷售洗化用品的時候，會採用當場做試驗的辦法來證明自己的產品的品質跟效果。這種方法是行之有效的，眼前的事實會讓他們對產品效果深信不疑，並使他們產生一種好感和消費心理。這種試驗強化了客戶對產品的信任，實際上是一種隱秘說服的過程。

但是並不是所有的商品都可以用現場試驗的方法，那麼怎樣才能增加客戶的信任，對他們的心理進行暗示呢？我們可以充分準備具有視覺效果的產品資料。例如產品的照片，客戶使用產品前和使用後的照片，以及客戶的推薦函、感謝信以及專家見證等等。

寶潔公司的產品之所以銷售得很好，很大的方面就是通過證明，對用戶成功地進行了暗示和說服，使客戶信賴其產品，我們通過看它的電視廣告就可以感覺出來。譬如：洗衣粉的廣告，以實際採訪的方式讓一些婦女拿出一些衣領上滿是油污的白襯衣，然後通

過使用它的產品，衣領上的油污完全沒有了。通過現場實例，告訴你產品給你帶來的好處——去除污漬，更方便。這是實例的見證。洗髮露也是如此，無論飄柔、潘婷還是海飛絲，都是請的像張曼玉、張柏芝這樣的影視明星來做廣告，這些都是在使用名人見證。這就會產生一種更好的說服效果，客戶會產生這樣的感覺：這樣的名人都在使用或推崇這種產品，那麼我當然也可以用了。

一、客戶需要的是證明

從客戶方面考慮，很少有人願意當「第一個吃螃蟹的人」。對一個新產品的神奇效果，必須不斷地提供證明給客戶看，從而不斷消弱他的懷疑。

這種證明的方式可以有 6 種：

1. 名人見證

客戶會比較喜歡使用名人用過的產品，這會產生一種很好的說服效果。它可以提高產品的信任度，讓人感覺，名人都用這種產品，品質自然錯不了。這也是為什麼現在的廣告大都是用名人做見證的原因。

2. 媒體見證

比如報紙、雜誌、電視等媒體的相關報導。這種方式的證明也會對消費者產生較好的說服效果。

3. 權威見證

某某產品是誰研究出來的，比如某某專家、某某科研機構等。

271

4.使用一大堆客戶名單做見證

比如跨國公司、上市公司等等，其中尤其是知名客戶，很具說服力。

5.熟人見證

比如客戶的鄰居、同事、朋友。當客戶有一個熟人在使用我們的產品時，這種信賴感是非常好建立的，很容易對他進行隱秘說服。

6.有關照片、剪報等相關資料

有些銷售人員會把各種與產品有關的見證、照片、剪報等收集在文件夾裏，以便隨時拿出來作為證據。「耳聽為虛，眼見為實」，這些能夠讓客戶看到的資料和證明，都會對客戶產生很好的說服效果，增加客戶對產品的信任度。

二、恰當地使用「證人」

顧客更容易相信其他顧客的話。

一般的說，顧客更容易相信其他顧客的話，因為大家都是「同路人」，都渴望能買到自己稱心如意的商品，因此彼此間的心更容易溝通，也更容易產生彼此間的情感呼應。因此，可以在推銷過程中有效地利用第三者所說的話，幫你溝通顧客的心，讓顧客較快地信任你的商品。有時，顧客的一句話抵得上你說大半天，這時，你就應該抓住這句話，向顧客介紹你的商品。如果你是一個高考復習資料的推銷員，一位顧客走過來問你：

「您這裏還有那種書？我前幾天給我兒子買了一本數學，他看過之後說編寫得很好。對他們現在的復習有很大幫助。要

我再買下其他幾本，好像還有物理、化學、生物吧，這不，我又來了。」

這時你應馬上說：

「是啊，這套書確實不錯，這幾天我推銷了很多套呢，現在讀書的孩子啊，要找一本稱心的書，也真難。」

這番話對旁邊的顧客肯定會產生很大的影響。

據說，辯護律師最重要的任務就是傳喚證人到庭，藉以說服法官。一般來說，陪審團對律師的言辭有點信不過，總要打折扣。所以，找到好的證人，會增強辯護詞的可信度，對法庭產生巨大影響。

其實，借助證人也能促進推銷。

有一位推銷保險的人把投保人簽了名的保險單都複印一份，放在保險說明材料夾裏。他相信，那些材料對新客戶一定有很強的說服力。

在與客戶的洽談末尾，他會補充說：「先生，我很希望您能買這份保險。也許我的話有失偏頗，您可以與一位和我的推銷完全無關的人談一談。能借用電話嗎？」

然後，他會接通一位「證人」的電話，讓客戶與「證人」交談。「證人」是他從複印材料裏挑出來的，可能是客戶的朋友或鄰居。雖然有時兩人相隔很遠，需要打長途電話，但效果更好（當然，他會自己付電話費）。

這位保險推銷員這樣說：「初次嘗試，我生怕客戶會拒絕，但從沒發生。相反，他們非常樂於同『證人』交談。有時候，『證人』是客戶的朋友，聊起來，還偏離了正題。」

「這種方法，我完全是在偶然中發現的，但效果很好。介

273

紹的推銷方法很多，我也有很多經驗，但比較而言，我認為『證人』法更加有效。」

「『證人』願意配合嗎？只要你足夠誠實，他們是樂意幫助的。每做成一筆生意，我都會向證人表示感謝，他們就更高興。助人是快樂之本啊。」

有一個客戶也講了他的一次經歷：他去買燃油鍋爐，產品介紹像雪花一樣飛來，他該選誰？

有一份因文字特別而吸引了他：「這裏有一份我們的客戶名單，你的鄰居就用我們的鍋爐取暖，你可以打電話問問，他們非常喜歡我們的鍋爐。」

客戶就打了電話，鄰居都說好。自然，他買了那家公司的鍋爐。18年後的今天，他還清楚地記得那家公司的產品介紹。

心得欄 _____
_____
_____
_____
_____
_____

36

用激將法幫他下決定

一、激將法可以改變客戶的意志力

激將法是一種高超的技巧，可以正面激將，也可以反面激將。這種辦法往往能夠使對方感情衝動，從而去做一些他在平常情況下可能不會去做的事。激將法還可以激起人的憤怒感、羞恥感、自尊感、嫉妒感或羨慕感等等。

在說服客戶的過程中，如果採用直截了當的辦法，往往事與願違。因為人人都有一種逆反心理，他們會想：「我為什麼要聽你的？我偏不按你說的做！」即使他認為你說的對，但潛意識中仍然不願意放棄自己的觀點。

激將法，簡單地說，就是從心理學角度出發，用反面的話激勵別人，使之痛下決心去做成什麼事，從而起到良好的言語說服效果。這種方法一般用在辦事拖拉、猶豫不決、難以下決定的人身上。比如：

「這麼好的產品，你認為需要與你夫人（或其他人）商量，然後再選擇怎麼做嗎？」

「只有能自我做主，毫不遲疑做出決定的人才是一個精明的企業家。」

275

「我聽你們的同行說，你可是一個有主見的人。所以請你現在就下決心吧！」

「你嘴上說這說那的，其實你心裏根本不想跟我簽約，對吧！」

於是，對方在激動之下往往會痛下決心，便造成了這樣一種結果：這些事不是你說服他做的，而是他自己要做的。

激將法的妙處就在於，故意拿話擠兌對方，使他無處可逃，不得不立刻表明態度。可見，在說服別人時，如果能摸透對方心理，因時而宜地採用激將法，往往能馬到成功。

二、用激將法幫客戶下決定

關鍵的時候，一定要推一把。

商談中的激將法，就是推銷者通過一定的語言手段刺激對方，激發對方的某種情感，由此引起對方的情緒波動和心態變化，並使這種情緒波動和心態變化朝著己方所預期的方向發展。

有的顧客對商品的各方面都還基本滿意，且資金上也支付得起，就是不知什麼原因，使他總覺得往後是否會出什麼問題而舉棋不定，遲遲不敢下定決心。激將法對這種顧客尤其有效。因此你可以這麼說：「先生，世界上就是有這樣的情況。一個人對他越是感興趣，越是喜歡的東西，越是不敢勇敢地去追求並爭取擁有它。我想這是一種很可悲的情況。我想，先生您一定不是這種人吧。如果您覺得這種商品還行的話，就行動起來吧。」經過這樣一激，我想不會有再表示沉默的顧客了吧。

還有這樣一類顧客，恃才而傲，自以為無所不知，無所不曉，更是無所不能。你說什麼他都會馬上接著你的話說出你下一句想說的。在他們看來，根本就不用什麼推銷員，就可以買到最好的商品而完全不必與什麼推銷員打交道。

對待這種類型的顧客，當你和他們交談時，你可以表現一種客氣態度，但在這客氣之中包含著一種對交易是否成功漠不關心的神情。就好像你根本不在意這件事一樣。

這時，顧客就很想知道你為什麼那麼漠視他的原因。在他的頭腦中，總認為自己是一個了不起的人物，理應受到他人的尊重和注意。你對他表示冷漠，他就會惱怒，但最終還是會以購買你的商品而告終。

與他們談話，你盡可以用下列的語氣：

「尊敬的先生，您大概不知道吧，我們的商品，並不是隨隨便便地對任何人都進行推銷，這會影響我們的榮譽！」

當你說出這一段話，你不必對他再說什麼，就會使他發生反應，不等他開口說話——當他還處在一種驚奇的狀況時，你又接著說：

「我們公司只對特殊的顧客的服務項目都要經過嚴密的核查和選擇。這一情況，相信大家都略有所聞。」

「在選擇推銷對象上，首先，我們要求顧客必須符合一定的條件。話又說回來，能符合這種條件的顧客不是很多。因此，總會有例外情況，我想像您這樣有知識的人一定能夠理解我話中的含義，是吧！」

說了這麼多之後，你可以稍微對他們談及一點生意上的事情：

「如果您想瞭解我們對顧客的服務事項，我可以提供一些

277

資料給你們。不過，在這之前您是否需要先申請一下付款的手續問題？這對我們兩者都有利，既可以節省您的寶貴時間，同時也方便了我們。」

顧客同意你的意見，並表示想買的意願，而你仍應裝出一種滿不在乎的神態。等到時機成熟，你就可改變推銷策略，熱誠地為他們服務，直到填好了訂單。

還有一類顧客考慮問題太多，一直不能下定決心，總是以「還要多加考慮」為藉口。如何使這一類顧客脫離他的思維怪圈，而沿著你的思路走下去呢？

在顧客舉棋不定之時，你可以用一種令他們感興趣的話題去刺激他們另外一根神經。譬如，顧客說：

「我還是不能下決心。」

你可以接著說：

「是啊，這是人之常情，對於這樣一件大事，誰都要仔細考慮一番。誰也不願意武斷地下決心買一處自己不喜歡的房子。不過，我們公司考慮到你們這一點，特別實行一項特殊方案，解除你們後顧之憂。」

「我們公司幾年前就做出一項決定：凡是購買本公司房地產的顧客當交納了頭期款之後，可以試住一段時間，如果能對所住的房子感到滿意，則分期付款就可以了，如果對房子不滿意，公司將幫助你出售房子。」

「按照這種方案，您可以在很長一段時間內做出自己的決定，您覺得這種方式怎麼樣？」

有一位小姐看中了某商店櫥窗內一雙新式皮鞋。她站在櫃

檯前反反復復地看，問一些無關緊要的問題。很明顯她很喜歡這雙新式皮鞋，但又因它價格太貴而猶豫不決。該商店的售貨員看到她猶豫的心理，於是上前問道：「如果這雙鞋的價格不能令您滿意的話，您是否願意再看看別的？」

結果這位小姐很堅定地買下了這雙皮鞋。售貨員問話很簡單，但其中藏有很深的奧妙，它激發了這位小姐的好勝心，因此成功地銷售出了這雙皮鞋。

使用這種技巧，刺激顧客的好勝心，要十分講究講話分寸，一般說來，它是有章可循的。

1. 觸發顧客好勝心，但絕不能傷害好勝心。

如果在上例中，售貨員對那位猶豫不決的小姐說：「要買就買，買不起就別看了，憑你這模樣還想買這高檔的皮鞋。」當然這句話也能對顧客產生「激」的效應，不過這話會傷害顧客的自尊心，產生南轅北轍的後果，不但達不到銷售的目的，反而會損害了商店的形象。「誰也不想買冤家的賬」，這是人之常情。

無可否認，我們經常聽到賣東西的人用挖苦、貶損的言辭「激」顧客，其實這不過是一種原始的「激將法」，它與現代商品銷售中的「激將法」有天壤之別。這是不可相提並論的。

2.「激」的目的是讓顧客擺脫猶豫，但絕不是設下陷阱，讓顧客遭殃。

曾經有位推銷員去一家工廠推銷布匹，一些工人圍著看，其中有位青年說這布品質很差，並且價格太貴了。沒想到這位推銷員不近人情，挖苦那位工人說：「看您穿這身衣服，恐怕一尺兩塊你都買不起！」這話大大刺傷了他的自尊心，他揮了揮

手對其他工友說：「你們作證，他賣我兩塊一尺，我全包了！」於是工友們幫他湊齊錢，把那些布全部買了下來。

　　直到星期天，他們出去逛商店，才知道這種布充斥著整個市場，一尺一塊五。這位青年才知自己上了當，後悔莫及，同時也對該推銷商深惡痛絕。

　　以上例子，推銷商雖然運用「激將法」把布推銷出去了，但他的人品也隨著這廉價的布一齊出賣了。其結果肯定是得不償失，因為他的這種做法是沒有考慮嚴重後果，「殺雞取卵」，把他以後的經商之路全部堵死了。

　　所以，「激將法」在生意場上要有的放矢，千萬不可奉為「經典之作」，在萬不得已的情況下，才亮出這一招。精明的生意人是不會輕易動用這種「核武器」，即便使用它，也應考慮到它的後果。

　　使用激將法，其效果如何，全在於心理刺激的「度」掌握得怎樣，有的「稍許加熱」即可，有的則要「火上澆油」；有的只要「點到即止」，有的卻要「窮追猛打」；有的可以「藏而不露」，有的則需「痛快淋漓」。當然，具體的實施，能否取得最佳推銷效果，這就要推銷者根據不同的情況而定。「運用之妙，存乎一心。」不管運用什麼方法，都不能脫離具體情況。

　　心理研究表明：有的人好高騖遠、貌似強大，有的人好勝心強，有的人優柔寡斷，有的乾脆，有的忸怩……

　　利用人們的心理特點。有的放矢，也是推銷制勝的一個「法寶」。

37

抓住處理拒絕的時機

優秀的銷售員不僅能聽懂客戶提出的拒絕理由，能給予一個比較圓滿的答覆，而且不能選擇恰當的時機進行答覆，這樣才會取得更大的成績。

在客戶提出拒絕後，銷售人員當然要給予答覆，但要抑制住自己說話的衝動，不要迫不及待地回答。你畢竟只有一個大腦，有時在你想要急於回答時，你會漏掉客戶說的內容，那樣你就可能失去一些資訊，而這些資訊在你的銷售後期將有助於成交。這不是說讓你置客戶的拒絕於不顧，只是強調要有板有眼，從容不迫。不要急於答覆，聽他說完，別打斷你的買主。

一、在拒絕前搶先處理

防患於未然，是消除客戶拒絕的最好方法。銷售員如果覺察到客戶會提出某種拒絕，最好在客戶提出之前，就主動提出來並給予解釋，這樣可使銷售員爭取主動，先發制人，從而避免因糾正客戶看法，或反駁客戶的意見而引起的不快。

銷售員完全有可能預先揣摩到客戶拒絕的理由並搶先處理，因為客戶拒絕的發生有一定的規律性。如銷售員談論產品的優點時，

客戶很可能會從最差的方面去琢磨問題。有時客戶沒有提出不同意見，但他們的表情、動作以及談話的用詞和聲調卻可能有所流露，銷售員覺察到這種變化，就可以搶先解答。

面對形形色色的客戶，經驗豐富的銷售員很快就會知道客戶可能會提出那些問題，這時可以按照自己的思路與擅長手法，在合適的時間提出對方關心的問題，主動說出他們之所以不買的潛在理由，而後可以駁倒那個理由。這樣會使客戶感到你誠懇直率，沒有隱瞞什麼。例如：

銷售員：不是價格原因，對吧？你看到了我們的價格與別人不相上下，也許還能擊敗任何對手。

客戶：不是價格原因，你的價格可以。

銷售員：是不是在系統相容上有問題？

客戶：不，我看沒有。

銷售員：那麼是在配置、服務或保修方面？

客戶：不是，這些看來都沒有問題。

銷售員：那麼你覺得我們公司的信譽和可靠性有問題了？

當然，在這樣做的時候，你要冒一定風險，因為你所說的不買的潛在理由，也許是客戶此前從來沒有想到過的。所以，如果你沒有足夠的經驗準確判斷出客戶的真實想法，在客戶提出拒絕前搶先處理是不恰當的，因為這已經違反了處理客戶拒絕前「設法弄清楚這個拒絕到底是怎麼回事」的原則。

二、在拒絕後立即處理

通常情況下，對於客戶主動提出來的拒絕，應當立即答覆和解釋。有問有答，這是正常的對話。否則，客戶會因為自己沒有得到尊重和及時反饋而不高興，甚或對你和產品產生懷疑。

但是，馬上回答，並不是讓你急忙回答。可以放鬆一下，顯示你並沒有被他的問題所難住。稍微停一下，可以給你一個機會考慮回答問題的適當方式——儘管有時客戶提的問題很一般，你能立即回答，也不必太匆忙，最好先在腦子裏掂量一下再說。這個停頓很重要，這樣客戶會更加認真地聽取你的答覆。

一般來說，面對以下狀況，最好立刻處理客戶拒絕：

① 當客戶提出的拒絕是屬於他關心的重要事項時；

② 你必須處理後才能繼續進行銷售的說明時；

③ 當你處理拒絕後，客戶能立刻要求訂單時。

三、在拒絕後暫緩處理

在拒絕後暫緩處理包括下面的情況：

1. 推遲回答

有些拒絕，如果立即回答會破壞銷售計劃，影響你對主要問題的說明。例如對於客戶在洽談一開始便提出來的，這種在明顯不瞭解有關情況時就提出的不著邊際的拒絕，你就可以推遲一段時間再回答。你可以說：「我明白你的意思，稍後你就會明白是怎麼回事

283

了。」

　　如果你真的不能對客戶提出的拒絕給予滿意的答案，就不應當勉強立即回答，而應當把拒絕暫時擱置起來，並把不能作答的原因坦誠地告訴客戶。

　　例如對客戶提出的一些專業性、技術性非常強的問題；可以在請教有關專家之後再予以答覆，也可以等查實資料後下次再給對方回音。這樣做可以使心中存有疑惑的客戶感到你不是信口開河，隨隨便便地應付他。當然，要是你自己能成為這方面的專家，就更能贏得客戶的信任了。

　　如果在客戶面前，你不想因為回答了某個問題會引起對方的不快甚至反感，也可以不馬上作出回答，待時機成熟之後再予以說明解釋。但你不要讓他覺得你無法解釋，那樣他會認為這種產品確實有缺陷。

2.不予回答

　　如果客戶提出的是一些與洽談業務毫不相關的問題，或者實際上是一些很虛假的藉口或是自我表現性的問題，或問及你對競爭對手的評價和看法，那麼你就不必回答，忽略過去。

　　對於企業需保密的資訊資料，更應繞過不作正面回答，或者委婉地向客戶說明並表示歉意。

284

主動與客戶保持聯繫

　　如果在說服客戶成交之前你對他們萬分殷勤，而在成交之後你卻擺出一副「大功告成，請勿打擾」的樣子，那麼當你再度需要與客戶合作時，客戶很可能會以更加冷漠的態度對待你。

　　盡可能地表現出你對客戶的關心、支援和尊重等積極感情，只有讓客戶充分感受到來自於你的關心、支援和尊重，你所開展的一切聯繫工作才可能對今後各項工作的順利開展產生積極的意義。

一、輕易放棄，就是前功盡棄

　　成交前，不要輕易放棄。幾乎所有的銷售人員都希望每次銷售活動都能夠迅速實現成交，可是實際的銷售活動卻經常並不如銷售人員所希望的那般進展順利。如果在第一次與客戶進行正面接觸時，銷售人員從客戶口中得到的並不是成交決定而是或直接或婉轉的拒絕，那麼銷售人員是否就應該儘早收手，以便另選其他銷售對象呢？如果在銷售活動當中你並沒有盡最大努力去說服客戶進行購買，或者你明知道交易完成之後可以有效地幫助客戶解決一些難題，那麼你過早地放棄就是對自己和客戶的雙重不負責任。如果你動輒放棄好不容易尋找到的目標客戶，那麼即使你把目標轉向下一

位客戶，你就能夠確保在下一次銷售活動中可以看到令你滿意的結果嗎？當然不能，甚至在經常的輕易放棄中，你已經對所有的銷售活動都不敢再抱有成功的希望了。

實現成交是一個艱難的過程，僅僅通過一兩次的正面接觸往往很難實現銷售的成功。所以，銷售人員既要對自己的銷售活動抱有充分的信心，同時又要做好與客戶展開長期溝通的準備。如果你在經過了一兩次的銷售溝通之後就不願意繼續與客戶保持聯繫了，那麼此前你在尋找目標客戶、搜集客戶資訊、為客戶提供產品數據等方面做出的努力都將化為烏有。輕易放棄，對於銷售人員來說只有一種結果，那就是前功盡棄。

很多銷售人員在拜訪客戶之後一旦遭遇客戶的拒絕，在他們的腦海中浮現的第一個念頭便是「完了！這次又白來了！」然後，他們做的並不是想辦法找到客戶拒絕自己的真正原因，也不是去進一步與客戶保持聯繫以挖掘客戶的內在需求，而是消極地給了自己一個放棄的理由：「這一次我的運氣太差，既然這位客戶不願意購買，那我就不必在他（她）身上浪費時間了，也許下一次我能有幸碰到一位容易說服的客戶……」於是他們就輕易地放棄了與這些客戶之間的聯繫，如此下去，他們的銷售業績可想而知。

優秀的銷售人員都知道，在任何一次成交到來之前都需要經歷一定的挫折，只要他們選定了目標客戶，無論遭遇多麼巨大的困難，他們都會竭盡全力地予以克服，他們會一直與客戶通過各種方式保持良好的聯繫，同時還會認真分析客戶拒絕購買的真正原因，以便在今後與客戶聯繫的時候能夠更有針對性地說服客戶。甚至很多時候，即使確信客戶暫時不會進行購買，他們也不會輕易地放棄這條

客戶關係鏈。在實際銷售過程當中，經常有一些銷售人員發現，只要他們始終保持著與客戶之間的友好聯繫，一旦客戶產生了新的需求就會立刻想到他們。

保險銷售員陳先生曾經在一位老客戶的介紹下認識了一位年輕的新客戶。這位新客戶剛剛參加工作不長時間，在陳先生與他進行了一兩次溝通之後，新客戶表示自己現在不願意購買任何保險，因為公司已經替自己購買了某些保險，現在自己的收入不多而開支又不少，所以暫時不想做這方面的打算。根據陳先生的判斷，陳先生也覺得這位年輕的新客戶暫時不可能購買較大額度的保險。不過，陳先生還是建議這位客戶購買一些小額的投資性質的保險，這樣一來一方面可以更加科學地規劃自己的理財方案，另外一方面也可以防止某些意外出現時缺乏必要的準備。年輕的新客戶當時並沒有決定立即聽取陳先生的建議，不過他答應會考慮考慮。

後來，陳先生經常打電話與這位客戶進行聯繫，不過陳先生並沒有經常硬性地銷售自己的保險，而是以朋友的身份去關心這位客戶，有時還會給這位剛參加工作的年輕客戶提供一些有用的職場經驗。陳先生一直保持著這種友好的客戶關係，他相信當客戶有了這方面的需求時肯定會首先想到他。

一直到兩年以後，陳先生在一次與這位客戶不經意的聯繫中，他得知客戶原來居住的地方要進行拆遷，那位年輕客戶和其他人一樣得到了一大筆拆遷款，不過他父母已經在市里給他買了房子，所以這一大筆拆遷款暫時沒有任何用處，而年輕客戶又表示自己不知道該做那些投資比較有保障。陳先生知道這

對於他來說是一次機會，不過還沒等陳先生表態，年輕客戶已經搶先說道：「不如你替我設計一份投保建議書吧，我記得你說過你們公司有一種專門針對年輕人理財的保險⋯⋯」

每一位潛在客戶的身上都可能蘊藏著無限商機，如果你有時間和能力與客戶保持有效的聯繫，為什麼不主動一些給他們打個電話呢？經常性地與那些潛在客戶保持聯繫實際上並不會浪費你太多的時間和精力，卻往往能夠帶給你意想不到的收穫。可是，如果你在一兩次溝通之後就因為感覺沒有成交希望而徹底放棄與他們聯繫的話，那往往意味著你此前的所有努力也將在毫無結果中放棄，如此一來，你將真正、徹底地失去了成交的希望！

二、讓客戶知道你一直都在關心他

不僅在成交之前，銷售人員需要堅持不懈地與客戶保持長期的友好聯繫，即使在成交後，銷售人員同樣需要與客戶盡可能地建立長期的友好合作關係，這是諸多優秀銷售人員擁有大量忠誠客戶的重要法寶。

如果在成交剛剛結束之後，銷售人員就一改以往的積極和熱情態度，立刻放鬆與客戶之間的聯繫，甚至對客戶採取不聞不問的態度，那麼客戶內心就會感到非常失落，並對你及你所代表的公司感到不滿，從而影響你今後與他們之間的其他銷售活動。

其實那些優秀的銷售人員都十分清楚，即使客戶深知「生意場上無人情」的道理，不對銷售人員在成交之後的冷漠態度加以計較，可是如果不能隨時與這些客戶保持聯繫，那麼，銷售人員實際上是

在白白浪費自己辛辛苦苦建立起來的客戶資源——如果你不積極主動地在成交之後繼續與這些客戶保持聯繫，那麼自然有其他競爭對手與這些客戶展開進一步聯繫，當客戶產生新的需求之後，你在前期與其建立起來的友好合作關係幾乎已經在你的漠視中淡化為零，你只能在競爭過程中重新確立自己的競爭優勢。

當然，銷售人員還應該知道，如果你不能在成交之後仍然隨時與客戶保持比較緊密的聯繫，那麼實際上即使客戶產生了新的需求，你可能也無從掌握具體的資訊，這最終會導致你徹底失去與客戶之間的有利成交機會。

因此，無論從客戶的主觀感受來理解，還是從自身的實際利益出發，銷售人員都應該隨時保持與客戶之間的緊密聯繫，在成交目的實現之後，銷售人員也要努力保持並不斷維護與客戶之間的友好合作關係。在具體的聯繫過程中，銷售人員不僅要堅持不懈地這樣做下去，而且還要讓客戶知道你一直都在關心他（她）、重視他（她），讓客戶充分感受到來自於你的關注。

為了讓客戶更加真切地感受到你的關注，銷售人員在與客戶保持聯繫的時候，可以適度地與客戶建立起友好的私人關係。例如，銷售人員可以針對客戶的身體健康、相關的工作進展情況等給予客戶適度的關愛和溫暖。這樣一來，就會讓客戶產生這樣的感覺：你不僅僅是為了銷售額的增長才與之進行聯繫的，更是為了與其交朋友而真正地關心和愛護他們。

同時，為了保持和加強你與客戶之間的友好聯繫，銷售人員在與客戶聯繫的過程中還需要格外注意自己的態度和方式：在態度上，銷售人員除了要做到最基本的積極、熱情、禮貌之外，還要保

持足夠的自信，這可以使客戶對你更加尊重，另外銷售人員還需要做到與客戶誠懇相待，任何時候都不要欺騙客戶，否則一旦被客戶識破，今後再想獲得客戶的信任就會難上加難；在方式上，銷售人員要盡可能採用和緩的語氣，儘量避免與客戶在一些無謂的問題上進行爭執，以免傷害和氣，銷售人員也可以充分利用自己的幽默和善談，與客戶進行多方面的交流，以拉近彼此間的心理距離。

總之，在成交目的實現之後，銷售人員仍然需要隨時保持與客戶之間的友好聯繫，這對你有百利而無一害。同時，銷售人員還必須讓客戶充分感受到來自於你的關心、支援和尊重，這將更為有效地增強你與客戶之間的友好合作關係。

三、主動創造與客戶的聯繫機會

在成交後，除非遇到需要解決的問題，大多數時候客戶可能都不會與銷售人員主動聯繫，所以銷售人員需要更加積極主動地創造與客戶之間的聯繫機會，一方面做到不讓客戶感到厭煩，一方面又要努力拉近你與客戶之間的心理距離。

一些銷售人員抱怨在成交結束之後，就很難再有機會與客戶進行有效聯繫了，弄不好還會惹得客戶厭煩。其實，只要細心把握，就一定可以找到與客戶聯繫的合適時機和恰當方法。具體地說，銷售人員可以通過以下幾種方式主動創造出與客戶開展緊密聯繫的大好機會：

1. 主動詢問客戶的服務要求

在談到為客戶提供良好售後服務的重要意義時，前面就提起

過，銷售人員積極主動地向客戶詢問具體的服務要求其實是一種增進與客戶聯繫的重要方式。利用這種方式，客戶不但會對銷售人員展開的聯繫活動感到滿意，而且還可以為今後保持更好的合作關係奠定堅實基礎。因此，在主動詢問客戶的具體服務要求時，銷售人員既要讓客戶體會到自己對其的友好關心，又要有意識地為今後的友好聯繫奠定好基礎。例如：

「請問您最近對產品感覺還滿意嗎？如果遇到什麼問題您隨時都可以與我聯繫，我也會經常對您進行訪問的……」

「產品到貨有一個月了吧？您還習慣這種新產品嗎？最近有一些不法分子假冒我們公司的售後服務人員借助上門維修之名騙取錢財，您需要特別注意，在產品保修期之內我們是不會向您收取任何費用的……」

「您對產品還有什麼意見嗎？我們公司離您那裏很近，如果有時間的話，您隨時可以到我們公司來參觀一下，到時候您只要提前打電話給我就行了……」

2.確立共同話題

在與客戶進行成交後的聯繫時，一些銷售人員認為除了交易以外，雙方之間好像沒有其他共同話題，可是如果只是就交易內容進行聯繫的話，又很容易使雙方之間的聯繫流於形式化和表面化，不利於彼此之間心理距離的不斷拉近。其實，銷售人員不必總是害怕自己與客戶之間沒有共同的話題，在具體的聯繫過程中，銷售人員可以通過尋找共同興趣和愛好的方式確立彼此之間的共同話題。例如，如果發現客戶喜歡戶外運動，銷售人員則可以借助本公司組織的一些戶外活動與客戶進行聯繫；如果發現客戶對棋牌類遊戲比較

感興趣，銷售人員也可以培養自己這方面的興趣，或者收集一些這方面的資訊與客戶進行交流。這種建立在共同興趣和愛好基礎之上的話題通常對客戶具有更大的吸引力，而且也更容易增強彼此之間的親密感。例如：

「聽說您太太特別喜歡聽音樂會，我這裏正好有幾張××專場音樂巡演的入場券，到時候如果您方便的話，可以叫與太太一起去看一下……」

「明天我們公司組織了一項行走兩小時的公益活動，我十分希望您能帶領貴公司的團隊一起參加……」

3. 適時登門拜訪

在與客戶保持長期聯繫的過程中，如果有必要的話，銷售人員不妨適時對客戶進行登門拜訪，例如在確定客戶具有新的需求之後、在重大節日即將來臨之時、在雙方關係發展得較為友好的情況下等。適時地對客戶進行登門拜訪，既可以充分顯示出你對客戶的關注和尊重，又有助於你更全面、更有效地與客戶展開更深入的溝通，有時還可以促成你與客戶之間的又一次成交。

在對客戶進行登門拜訪的時候，銷售人員一定要做好相應的準備，例如必要的資訊準備或在節日期間準備一些合適的小禮品等。做好各方面的準備，可以使你的拜訪活動更具成效。

4. 運用多管道的聯繫方式

同實現成交之前與客戶保持緊密聯繫一樣，在成交之後，銷售人員同樣可以借助電話、郵件以及書信等各種方式與客戶進行聯繫。總之，只要遇到合適的機會，銷售人員就要不失時機地加強與客戶之間的資訊溝通和情感交流，要盡可能地與客戶保持長期的友

好聯繫，以促進雙方之間的長期合作。

39

成交後，還要再推薦其他商品

在已經與客戶建立了良好聯繫的基礎之後，如果發現客戶對於公司的其他產品仍有需求，那麼你需要緊緊圍繞客戶的這些需求展開進一步銷售，這樣的銷售比開展新的銷售活動往往成功率更高。

不要僅僅滿足於這次的成交次數和成交數量，你可以從各種途徑對客戶的其他需求進行深層次的挖掘，具體的挖掘途徑絕不限於客戶本身。

有了之前的友好成交為基礎，你再向客戶推薦其他商品時可以免除很多障礙。

一、建立在成交基礎上的銷售更方便

那些聰明的銷售人員不會在實現原定的成交任務之後就滿意而歸，他們會根據客戶的具體需求展開進一步的銷售，如果發現客戶還有其他方面的需求，而本公司的產品又有助於滿足這些需求，那麼這些銷售人員就會「得寸進尺」地針對客戶需求繼續推薦其他商品。

這些銷售人員的行為絕非貪得無厭，而是一種強烈進取心的體現，也是對自己、對公司乃至對客戶認真負責的表現。如果客戶具有某種需求，而銷售人員卻因為自己工作不到位沒有及時發現；如果發現了客戶的某種需求，卻不儘量與客戶進行溝通；如果知道自己公司能夠提供必要的產品和服務以滿足客戶的需求，卻不去積極爭取……那麼這樣的銷售人員怎麼能算得上是優秀的銷售員，而且其遠大的銷售目標又將如何實現呢？

事實上，在與客戶實現成交的基礎之上，銷售人員針對客戶需求開展進一步的銷售活動，不僅是十分必要和非常重要的，而且也有助於銷售人員節省更多的銷售成本，更重要的是，這樣的銷售活動往往更容易實現成功。之所以這樣說，主要原因有如下兩種：

1. 建立在成交基礎上，銷售可以越過很多溝通障礙

銷售人員可以算一算這樣一筆賬：在開發新客戶的時候你事先需要做多少準備工作，至少，銷售人員需要瞭解新客戶的一些基本資訊；然後必須經過前期的必要溝通，才可能有機會與新客戶進入到實質性的銷售活動當中，而你得到這種機會的可能性卻並不一定很大；如果有幸能與客戶進入到實質性的銷售活動當中，你至少要讓客戶對你個人、你們公司以及公司的產品和服務等各方面的條件產生信任，而要獲得新客戶的信任通常都會很難；最後在所有這些活動都進展順利的基礎上，你才可能一步一步地推動成交的實現……

用「路漫漫其修遠兮」來形容銷售人員開發一位新客戶所花費的時間和精力一點兒都不誇張，而與已經就某項產品或服務實現成交的客戶開展進一步溝通時，銷售人員就可以越過很多溝通障礙，

例如不必再去花費時間瞭解客戶的相關資訊，也不必努力將自己的一些基本資訊再向客戶進行重申。客戶此時已經對你足夠信任，實際上你們需要討論的只是合約中的一些細節問題——你們可以直接進入到協商成交的階段！

2.建立在成交基礎上，更容易引起客戶認同

既然銷售人員已經與客戶就某項產品或服務達成了交易，那就表明客戶在許多方面已經對你、對你的公司，以及對你們公司的產品和服務等產生了一定程度的認同。所以，通常情況下，如果你及你的公司能夠盡力滿足客戶其他方面的需求，而且你們在先前的成交過程中又沒有出現較大的不愉快問題的話，那麼這樣的銷售活動將更容易引起客戶的認同。之後，你與客戶的主要溝通工作就是協商彼此提出的成交條件，只要彼此之間的成交條件能夠達成一致，那麼針對其他商品的銷售活動就會實現成交。

二、瞭解客戶的其他需求

銷售人員若想在實現原定成交任務的基礎之上對客戶進行進一步的銷售活動，首先需要確定客戶是否有其他方面的需求，以及這些需求你與你的公司是否能夠給予滿足。如果你並不瞭解客戶在其他方面的具體需求，也不知道客戶的其他需求本公司能否給予滿足，那麼你將無法進一步開展有效的銷售活動。因此，銷售人員必須要對客戶的其他需求進行深入瞭解和認真分析，在瞭解客戶的其他需求時，銷售人員應該講究必要的技巧和方式，否則很可能瞭解不到客戶的其他需求，或者瞭解得不夠準確和充分。

在瞭解客戶的其他具體需求時，銷售人員需要注意以下幾點：

1. 通過更廣泛的途徑瞭解客戶的需求資訊

雖然在前期的成交過程中，銷售人員已經與客戶建立了良好的合作關係，可是在瞭解客戶的其他需求資訊時，銷售人員不要僅僅局限於客戶本身，而應該通過更廣泛的途徑去進行瞭解和考察，只有這樣才能更充分、準確地把握客戶的實際需求。例如，銷售人員可以結合對客戶的積極詢問去向客戶週圍的有關人員進行瞭解，如客戶身邊的助理、秘書、其他工作人員以及介紹你與客戶認識的朋友等；銷售人員也可以根據自己以前對客戶相關資訊的掌握進行必要的數據分析，如通過客戶以往的銷售量和目前的銷售目標分析客戶對原材料的需求；或者，銷售人員還可以進行切實有效的實際考察，確定客戶還需要那些產品或服務……

增加瞭解客戶資訊的途徑，有助於銷售人員掌握客戶更充分的需求資訊，而且經過更多途徑的研究和驗證，銷售人員還可以確定自己所掌握的客戶需求資訊是否科學、準確，做好這一步工作，可以為接下來的成交提供更有力的保證。

2. 通過客戶瞭解具體資訊時要注意態度和方式

如果銷售人員認真留心並有意向客戶展開巧妙的詢問，通常可以從客戶口中瞭解一些十分有用的資訊。在通過客戶瞭解具體資訊時，銷售人員一定要注意自己的態度和方式，例如對於那些疑心較重的客戶，銷售人員最好不要過於直接地進行詢問，而要一面通過巧妙的旁敲側擊瞭解相關資訊，一面留心客戶的反應。例如：

「上次購買的設備，我們已派人去保養維修了，聽說貴公司最近打算要在 XX 地區新開一家分店，那一定需要不少基礎

設備吧？」

對於那些對先前的成交結果比較滿意的客戶，銷售人員則需要態度誠懇地向客戶進行詢問，而且要向客戶表明你及你的公司願意為其提供更多方面的服務，願意與其保持長期友好合作的願望。例如：

「除了合金製作的樂器，我們公司還專門針對高檔樂器商店設計了很多優質的木製樂器，現在這種木製樂器特別暢銷，您可以先看一看它們具體的製作技術，如果您比較感興趣的話，咱們今天正好有時間談一談……」

三、展開新一輪的銷售

通過更廣泛的途徑、採取相應的靈活技巧瞭解到客戶的相應需求之後，一旦確定可以滿足客戶的這些需求，銷售人員就需要圍繞客戶的具體需求展開新一輪的銷售了。在新一輪銷售過程中，銷售人員完全可以借助先前的成交基礎進一步說服客戶，這會使你的銷售活動更加省時省力。例如：

例一：

客戶：「我們雖然有這方面的需求，可是卻並不急著進行購買，因為已經有好幾家公司與我們聯繫了，我們需要進行多方面的比較和考察……」

銷售人員：「我知道，任何交易都不能有絲毫馬虎，不過通過這麼長時間的聯繫，您其實已經對我們公司的實力和產品的競爭優勢有了很充分的瞭解，如果不是這樣的話，您先前也

297

就不會選擇我們公司作為合作夥伴了，是嗎？」

例二：

客戶：「我覺得一下子做出這樣的決定有些太倉促了，畢竟剛剛咱們才就 XX 問題簽署意向書，咱們過一段時間再談這件事，好嗎？」

銷售人員：「正因為咱們之間已經建立了很好的合作關係，所以您才可以更放心地與我們繼續在這方面進行合作呀！況且，如果咱們現在就把這件事情談妥的話，那麼我們可以立刻一起發貨，到時候您就可以一起使用這兩批貨了……」

總而言之，在展開新一輪銷售活動的過程中，銷售人員一定要緊緊圍繞客戶的實際需求採取相應的成交技巧，要讓客戶始終覺得你是在盡量滿足其需求，這樣才有助於成交目的的進一步實現，也有助於今後與客戶友好關係的繼續保持。在這一過程中，銷售人員最忌表現得過於急功近利，那樣不僅難以實現成交目的，而且還會破壞先前你在客戶心目中的良好印象，從而不利於今後你與客戶實現長期的友好合作。

四、引導客戶購買更多的商品

客戶的一些消費需求有時是潛意識的，這時就需要銷售員的引導和提示。由於客戶的消費水準通常會有一定的彈性，運用啟發式銷售就能提醒客戶購買更多或更優質的產品，從而增加銷售額。

中醫在治病救人上，對於有些疾病，在對症下藥時，有時需要

用到藥引，這樣藥物的治療效果才好。優秀的銷售人員也要如同藥引一樣，善於引導顧客作出購買決定。

顧客的一些需求可能是潛意識的，也就是說，有時顧客自己也不清楚自己還有那些方面的購物需求。這時候銷售人員就要善於引導和提醒。啟發式銷售就是銷售人員提醒客戶購買與他已購買的商品相關的商品，使客戶購買更多或更優質的商品，從而增加交易額的一種方式。

週末，葉琳打算去買一瓶護膚霜，於是到了化妝品店。櫃台後面的小姐木然地凝視著葉琳，沒有主動去詢問她需要什麼。葉琳想，看來得自己先開口說話了。

於是葉琳對那位小姐說：「我要買瓶護膚霜。」

女店員面無表情地指了指一邊，說：「在最裏面的櫃台。」

葉琳向著她所指的方向走過去，挑了一瓶護膚霜，付了錢，然後準備要離開了。這時她看到一張大條幅，原來二樓的電器城正在做促銷活動，不妨去看看，於是她上了二樓的電器城。

來到電器城，葉琳看得有些眼花繚亂，突然想起自己一直想買個簡單的帶鐘錶功能的收音機。於是她走向賣收音機的櫃台。遠遠的，那個櫃台的一名女店員就迎了上來，微笑著對她說：「您好，這邊請，請問您需要點什麼？」

「您好！」葉琳應道，「您能告訴我那裏能買到一台 50 元左右的帶鐘錶功能的收音機嗎？」

「請您跟我來，小姐，出於好奇，問您個問題可以嗎？」女店員邊引路邊說。

「當然可以了，問吧。」

「怎麼想到要買個帶鐘錶功能的收音機呢？」

葉琳說：「我剛搬到附近的公寓，而屋子裏空蕩蕩的，一無所有，早晨無法按時起床。」

女店員笑著把葉琳帶到了賣收音機的櫃台前。她認真地挑了一款，然後女店員跟她說：「您看，您平時上班挺累，回到家也需要休閒下。我們的新款寬屏液晶電視最近正在做促銷活動，現在買非常超值，要不要來一台呢？」

當然，這是不錯的選擇，她搬到一所空蕩無物的公寓裏，有一台電視平時也能看看節目。況且，她已經來到這家電器商城，為什麼不順便看一看這裏的新款寬屏液晶電視機呢？

於是，葉琳回答說：「是個好主意。我先看看你們有什麼款式，價位如何？」隨後，女店員還趁機向她推薦了別的產品，如 CD 機、微波爐、加濕器、無繩電話等。

最後，原本只是想來這買瓶護膚霜的葉琳，當她離開的時候，買了護膚霜，買了一台收音機、一台寬屏液晶電視以及一台加濕器。

這一切都是因為那名銷售員正確地運用了啟發式銷售，巧妙地引導了她，從而讓她購買了更多的產品。

通常，運用啟發式銷售的方法及語言要講究。

顧客買了一件新襯衣，不要問他：「您還需要什麼東西？」而應該這樣說：「最近我們新進了一批領帶，您看這一種和您的襯衣相配嗎？」這樣一來，對客戶的提示就能更容易發生效果。

所以，要想成為優秀的銷售人員，就要在和客戶交談中多動腦筋，勤思考，才能創造出不凡的業績。

40

重視每一位客戶

關於「墨菲定律」的產生，有這樣一個小故事。

據說在 1949 年，一位名叫墨菲的空軍上尉工程師認為他的某位同事很倒楣，不經意地說了句玩笑話：「如果一件事情有可能被弄糟，讓他去做就一定會弄糟。」這句笑話在美國迅速流傳，並擴散到世界各地。在流傳擴散的過程中，這句笑話逐漸失去它原有的局限性，演變成各種各樣的形式，其中一個最通行的形式是：「如果壞事有可能發生，不管這種可能性多麼小，它總會發生，並引起最大可能的損失。」這就是著名的「墨菲定律」。

墨菲定律並不是一種強調人為錯誤的概率性定律，而是闡述了一種偶然中的必然性。舉個例子。

你兜裏裝著一枚金幣，生怕別人知道也生怕丟失，所以你每隔一段時間就會去用手摸兜，查看金幣是不是還在，於是你的規律性動作引起了小偷的注意，最終金幣被小偷偷走了。即便沒有被小偷偷走，那個總被你摸來摸去的兜最後終於被磨破，金幣掉了出去丟失了。

墨菲定律說明了越害怕發生的事情就越會發生的原因，也恰恰是在告訴人們，絕不能忽視那些微不足道的、發生事故概率極小的

危險隱患。一切事物的變化總是先從量變開始的，當量積累到一定程度時，就會促進事物發生質的變化。絕大部份事故都是由一個或若干小的事故隱患累積後由小到大，由量變到質變發生的。人們往往不會對小的事故隱患引起足夠的重視，當然它也許並不一定會發展成事故，也正因此總是很容易給人們造成一種錯誤的認識——這點小小的隱患一直以來都沒有出任何事故，今天也一定不會有事。然而事實往往不如你所願。

「墨菲定律」說明了一個科學道理，那就是「禍患常積於忽微」。它提醒人們：人們解決問題的手段越高明，人們要面臨的麻煩就越嚴重。事故照舊還會發生，永遠會發生。「墨菲定律」忠告人們，在面對人類自身的缺陷時，最好想得更週到、全面一些，採取多種保險措施，防止偶然發生的人為失誤導致災難和損失。

一、重視每一個客戶

在銷售過程中，「墨菲定理」同樣適用。一些企業都會把「以客戶為導向」作為戰略或者是經營理念，但是很多時候，這種導向在執行中卻出現了偏差。例如銷售人員為了賣出更多的產品，常常不考慮客戶的需求而喋喋不休，或者對那些遲遲不能拿定主意的客戶說三道四，甚至對於那些看起來不像目標客戶的人冷眼相向，這些行為都是讓人們傳播負面信息的來源，這一點點的不足對於人們的記憶遠遠超過十分好的表現。因此，銷售員要贏得客戶的信賴，一定要重視每一位客戶。雖然有些客戶不一定會買你的東西，但是你的表現會讓他們津津樂道。他們會主動幫你傳播你的與眾不同和你

的熱情好客,很多時候,有些客戶還會被你的真誠打動而改變主意。

二、每個客戶身後都有 250 個潛在客戶

　　世界上最偉大的銷售員之一的喬・吉拉德透過自己的實踐,總結出了一套「250 定律」,意思是說銷售對每一個希望創造銷售奇蹟的人來說都有其意義,每一位與你做生意的客戶都可能代表著 250 名潛在客戶。吉拉德認為每一位顧客身後,大約有 250 名親朋好友。如果你贏得了一位顧客的好感,就意味著贏得了 250 個人的好感;反之,如果你得罪了一名顧客,也就意味著得罪了 250 名顧客。

　　喬・吉拉德進入銷售行業不久,有一天,他去參加了一個朋友母親的葬禮。天主教進行葬禮儀式時,通常都會向現場的參加者分發印有死者名字和照片的卡片。當天,喬・吉拉德詢問葬儀社的職員:「怎樣決定印刷多少張這種卡片呢?」那位職員回答說:「這得靠經驗。剛開始,必須將參加葬禮者的簽名簿打開數一數才能決定,不多久,即可瞭解參加者的平均數約為 250 人。」

　　然後,一位服務於新教徒葬儀社的員工向喬・吉拉德買車,待一切手續完成後,喬・吉拉德問那位員工每次參加葬禮的人平均約多少人,他回答說:「大概 250 人。」

　　又有一次,喬・吉拉德與妻子應邀參加一個結婚典禮,遇見那個婚禮會場的經營者,問他一般被邀參加結婚儀式的客人人數時,他如此回答:「新娘這邊約 250 人,新郎那邊估計也

250 人，這是個平均值。」

在每個人的生活領域中，總會有屬於自己的小天地，屬於自己的人脈系統。每個人都應該有 250 個屬於自己的關係。在每位客戶的背後，都大約站著 250 個人。這是與他關係比較親近的人：同事、鄰居、親戚、朋友。這就是喬· 吉拉德的 250 定律。

在求學時期，一般人最起碼都會經過小學、初中到高中三個階段。在這個過程中，都應該有同班同學或關係較好的學友。如果以每個求學階段可以認識 40 個同學來計算，三個階段就已經有 120 條屬於同學的人脈了，接著再加上自己的親戚 30 人、朋友 30 人、師長 30 人、前後期學長與學弟 30 人、鄰居 20 人、職場中的同事 30 人，或往家附近提供生活所需的商家……統計起來，早就超過 250 條人脈。

另外有人還會加入民間社團、宗教團體、學會、工會、商會等組織，都會增加自己的人脈。由此看來，可以說，每個人都應該有超過 250 條的人脈，而且這些數據還會隨著年歲的增長，與人接觸機會的增多，而累積出更加豐富的人脈。

要知道每個人最基本的 250 條人脈是最有效的人際關係法寶。每個人絕對不可以輕視自己曾經擁有，以及目前已經擁有的這 250 條人脈。如果想在這 250 條的人脈中，得到更多的人力資源，必須先以其中一人為中心再向外擴張（因為除了和你重疊的部份以外，每個人都還有不同的人脈資源），也就是借由這最初的 250 條人脈，從中再尋找可以讓你向其他人脈網搭上關係的橋樑，如此週而復始地推動，將每個人的 250 條人脈緊緊地串聯在一起，這也是銷售界經常使用的推薦模式。

三、80%的訂單來自於 20%的客戶

銷售中的「巴萊多定律」也就是人們常說的「二八定律」，指的是 80%的訂單來自於 20%的客戶。例如，一個經驗豐富的銷售員如果統計自己全年簽訂的訂單會發現，每個客戶產生的訂單金額會是極不平均的。按照二八定律，其中 80%的銷售額基本只來源於佔總數 20%的客戶，而剩餘 80%的客戶總共不過貢獻 20%的銷售額。根據觀察，這個定律在眾多銷售行業中都是有效的。

從原理上來說，應該把 80%的時間用在那貢獻 80%銷售額的客戶身上。然而從眾多銷售員的工作時間分佈來看，他們的時間分配卻很均勻。不能不說這樣的「均勻」分配其實是大大地委屈了你的重要客戶，因為貢獻了 80%訂單的他們才得到了你 20%的銷售時間，似乎是寶貴的資源沒有用到刀刃上。

那麼銷售人員如何才能在不同的時間及環境下運用好這個「二八定律」呢？

第一，在剛做銷售時，要花 80%的時間和精力去向內行學習和請教。這樣才能讓你在真正走向銷售時可以用 20%的時間與精力來取得 80%的業績。如果一開始只用 20%的時間和精力去學習新知識、新技能，那麼後面你即便花了 80%的時間和精力也只能取得 20%的業績，那就是為什麼大多數人都沒能突破銷售這一關的原因所在。

第二，在銷售過程中，勤奮才是你的靈魂，唯有 80%的勤奮和努力才能有 80%的成果，20%的付出只能有 20%的回報。付出和所得永遠是均等的，因此，你需要用 80%的時間做市場，20%的時間思考

和總結。

第三，如果你對客戶能夠有 80%的瞭解，那麼，在你對他進行一對一銷售溝通時，只需花 20%的精力就能達到 80%的成功。反之，如果對你的客戶瞭解只有 20%，儘管你在客戶面前作了 80%的努力，最終也只能有 20%的成功希望。

第四，能夠成為你真正客戶的人只佔你所熟悉人群的 20%，但這些人卻會影響其他 80%的客戶，因此你需要花 80%的精力來找到這 20%的客戶，如果能做到就意味著成功。由於 80%的業績來自於 20%的老客戶，因此這 20%的老客戶就應該是你所有客戶中最好的客戶。

第五，如果你能用 80%的時間去聆聽客戶的話，從中找到其需求點，那麼你只需用 20%的時間去說服客戶。如果你用 80%的時間在講述你的產品，那麼銷售或溝通成功的希望或將降到 20%，客戶的耐心也會從 80%降到 20%，而客戶的拒絕心理則會從 20%上升到 80%。

第六，沒有一個銷售員會有第二次機會來改變自己的第一印象，可見第一印象的重要。而第一印象有 80%來自儀容儀表，所以，花 20%的時間注意儀表是絕對值得的。

第七，銷售的成功有 80%來自交流與建立情感，20%來自演示和介紹產品。因此，銷售人員應該用 80%的精力使自己接近客戶，設法與其建立友好的關係，以後你只需花 20%的時間介紹產品的利益，就有 80%的希望。

第八，80%的客戶會說你的產品貴，客戶希望價格更便宜是他的本能，但不必花 80%的口舌去討價還價，你只需用 20%的時間和

精力來證明你的東西不貴或為什麼貴就可以了。另外你需要花 80%
的時間和精力來證明它能夠給客戶帶來多大的好處。

　　當你對以上內容進行了深入的理解，就能形成思想與行動的統
一，那就自然會把「二八定律」靈活運用於銷售過程中，你被客戶
拒絕的可能性就會小很多，你離成功的機會也會越來越近！

心得欄

- -

- -

- -

- -

- -

- -

臺灣的核心競爭力，就在這裏!

圖書出版目錄

　　下列圖書是由臺灣憲業企管顧問（集團）公司所出版，以專業立場，為企業界提供最專業的各種經營管理類圖書。

1. 傳播書香社會，直接向本出版社購買，一律9折優惠，郵遞費用由本公司負擔。服務電話(02)27622241　(03)9310960　　傳真(03)9310961
2. 付款方式：請將書款轉帳到我公司下列的銀行帳戶。
   ・銀行名稱：合作金庫銀行（敦南分行）　帳號：**5034-717-347447**
   　公司名稱：憲業企管顧問有限公司
   ・郵局劃撥號碼：**18410591**　郵局劃撥戶名：憲業企管顧問公司
3. 圖書出版資料隨時更新，請見網站　**www.bookstore99.com**

經營顧問叢書

編號	書名	價格	編號	書名	價格
13	營業管理高手（上）	一套	72	傳銷致富	360元
14	營業管理高手（下）	500元	73	領導人才培訓遊戲	360元
16	中國企業大勝敗	360元	76	如何打造企業贏利模式	360元
18	聯想電腦風雲錄	360元	78	財務經理手冊	360元
19	中國企業大競爭	360元	79	財務診斷技巧	360元
21	搶灘中國	360元	80	內部控制實務	360元
25	王永慶的經營管理	360元	81	行銷管理制度化	360元
26	松下幸之助經營技巧	360元	82	財務管理制度化	360元
32	企業併購技巧	360元	83	人事管理制度化	360元
33	新產品上市行銷案例	360元	84	總務管理制度化	360元
46	營業部門管理手冊	360元	85	生產管理制度化	360元
47	營業部門推銷技巧	390元	86	企劃管理制度化	360元
52	堅持一定成功	360元	91	汽車販賣技巧大公開	360元
56	對準目標	360元	97	企業收款管理	360元
58	大客戶行銷戰略	360元	100	幹部決定執行力	360元
60	寶潔品牌操作手冊	360元	106	提升領導力培訓遊戲	360元

112	員工招聘技巧	360元	184	找方法解決問題	360元
113	員工績效考核技巧	360元	185	不景氣時期，如何降低成本	360元
114	職位分析與工作設計	360元	186	營業管理疑難雜症與對策	360元
116	新產品開發與銷售	400元	187	廠商掌握零售賣場的竅門	360元
122	熱愛工作	360元	188	推銷之神傳世技巧	360元
124	客戶無法拒絕的成交技巧	360元	189	企業經營案例解析	360元
125	部門經營計劃工作	360元	191	豐田汽車管理模式	360元
129	邁克爾·波特的戰略智慧	360元	192	企業執行力（技巧篇）	360元
130	如何制定企業經營戰略	360元	193	領導魅力	360元
132	有效解決問題的溝通技巧	360元	198	銷售說服技巧	360元
135	成敗關鍵的談判技巧	360元	199	促銷工具疑難雜症與對策	360元
137	生產部門、行銷部門績效考核手冊	360元	200	如何推動目標管理（第三版）	390元
138	管理部門績效考核手冊	360元	201	網路行銷技巧	360元
139	行銷機能診斷	360元	202	企業併購案例精華	360元
140	企業如何節流	360元	204	客戶服務部工作流程	360元
141	責任	360元	206	如何鞏固客戶（增訂二版）	360元
142	企業接棒人	360元	208	經濟大崩潰	360元
144	企業的外包操作管理	360元	209	鋪貨管理技巧	360元
146	主管階層績效考核手冊	360元	210	商業計劃書撰寫實務	360元
147	六步打造績效考核體系	360元	212	客戶抱怨處理手冊(增訂二版)	360元
148	六步打造培訓體系	360元	214	售後服務處理手冊（增訂三版）	360元
149	展覽會行銷技巧	360元	215	行銷計劃書的撰寫與執行	360元
150	企業流程管理技巧	360元	216	內部控制實務與案例	360元
152	向西點軍校學管理	360元	217	透視財務分析內幕	360元
154	領導你的成功團隊	360元	219	總經理如何管理公司	360元
155	頂尖傳銷術	360元	222	確保新產品銷售成功	360元
156	傳銷話術的奧妙	360元	223	品牌成功關鍵步驟	360元
160	各部門編制預算工作	360元	224	客戶服務部門績效量化指標	360元
163	只為成功找方法，不為失敗找藉口	360元	226	商業網站成功密碼	360元
167	網路商店管理手冊	360元	228	經營分析	360元
168	生氣不如爭氣	360元	229	產品經理手冊	360元
170	模仿就能成功	350元	230	診斷改善你的企業	360元
171	行銷部流程規範化管理	360元	231	經銷商管理手冊（增訂三版）	360元
172	生產部流程規範化管理	360元	232	電子郵件成功技巧	360元
174	行政部流程規範化管理	360元	233	喬·吉拉德銷售成功術	360元
176	每天進步一點點	350元	234	銷售通路管理實務〈增訂二版〉	360元
181	速度是贏利關鍵	360元	235	求職面試一定成功	360元
183	如何識別人才	360元	236	客戶管理操作實務〈增訂二版〉	360元
			237	總經理如何領導成功團隊	360元

各書詳細內容資料，請見：www.bookstore99.com

238	總經理如何熟悉財務控制	360 元
239	總經理如何靈活調動資金	360 元
240	有趣的生活經濟學	360 元
241	業務員經營轄區市場（增訂二版）	360 元
242	搜索引擎行銷	360 元
243	如何推動利潤中心制度（增訂二版）	360 元
244	經營智慧	360 元
245	企業危機應對實戰技巧	360 元
246	行銷總監工作指引	360 元
247	行銷總監實戰案例	360 元
248	企業戰略執行手冊	360 元
249	大客戶搖錢樹	360 元
250	企業經營計劃〈增訂二版〉	360 元
251	績效考核手冊	360 元
252	營業管理實務（增訂二版）	360 元
253	銷售部門績效考核量化指標	360 元
254	員工招聘操作手冊	360 元
255	總務部門重點工作（增訂二版）	360 元
256	有效溝通技巧	360 元
257	會議手冊	360 元
258	如何處理員工離職問題	360 元
259	提高工作效率	360 元
261	員工招聘性向測試方法	360 元
262	解決問題	360 元
263	微利時代制勝法寶	360 元
264	如何拿到 VC（風險投資）的錢	360 元
265	如何撰寫職位說明書	360 元
267	促銷管理實務〈增訂五版〉	360 元
268	顧客情報管理技巧	360 元
269	如何改善企業組織績效〈增訂二版〉	360 元
270	低調才是大智慧	360 元
272	主管必備的授權技巧	360 元
274	人力資源部流程規範化管理（增訂三版）	360 元
275	主管如何激勵部屬	360 元
276	輕鬆擁有幽默口才	360 元

277	各部門年度計劃工作（增訂二版）	360 元
278	面試主考官工作實務	360 元
279	總經理重點工作（增訂二版）	360 元
282	如何提高市場佔有率（增訂二版）	360 元
283	財務部流程規範化管理（增訂二版）	360 元
284	時間管理手冊	360 元
285	人事經理操作手冊（增訂二版）	360 元
286	贏得競爭優勢的模仿戰略	360 元
287	電話推銷培訓教材（增訂三版）	360 元
288	贏在細節管理（增訂二版）	360 元
289	企業識別系統 CIS（增訂二版）	360 元
290	部門主管手冊（增訂五版）	360 元
291	財務查帳技巧（增訂二版）	360 元
292	商業簡報技巧	360 元
293	業務員疑難雜症與對策（增訂二版）	360 元
294	內部控制規範手冊	360 元
295	哈佛領導力課程	360 元
296	如何診斷企業財務狀況	360 元
297	營業部轄區管理規範工具書	360 元
298	售後服務手冊	360 元
299	業績倍增的銷售技巧	400 元

《商店叢書》

10	賣場管理	360 元
18	店員推銷技巧	360 元
30	特許連鎖業經營技巧	360 元
35	商店標準操作流程	360 元
36	商店導購口才專業培訓	360 元
37	速食店操作手冊〈增訂二版〉	360 元
38	網路商店創業手冊〈增訂二版〉	360 元
40	商店診斷實務	360 元
41	店鋪商品管理手冊	360 元
42	店員操作手冊（增訂三版）	360 元

43	如何撰寫連鎖業營運手冊〈增訂二版〉	360 元
44	店長如何提升業績〈增訂二版〉	360 元
45	向肯德基學習連鎖經營〈增訂二版〉	360 元
46	連鎖店督導師手冊	360 元
47	賣場如何經營會員制俱樂部	360 元
48	賣場銷量神奇交叉分析	360 元
49	商場促銷法寶	360 元
50	連鎖店操作手冊（增訂四版）	360 元
51	開店創業手冊〈增訂三版〉	360 元
52	店長操作手冊（增訂五版）	360 元
53	餐飲業工作規範	360 元
54	有效的店員銷售技巧	360 元
55	如何開創連鎖體系〈增訂三版〉	360 元
56	開一家穩賺不賠的網路商店	360 元
57	連鎖業開店複製流程	360 元
58	商鋪業績提升技巧	360 元
59	店員工作規範（增訂二版）	400 元

《工廠叢書》

5	品質管理標準流程	380 元
9	ISO 9000 管理實戰案例	380 元
10	生產管理制度化	360 元
11	ISO 認證必備手冊	380 元
12	生產設備管理	380 元
13	品管員操作手冊	380 元
15	工廠設備維護手冊	380 元
16	品管圈活動指南	380 元
17	品管圈推動實務	380 元
20	如何推動提案制度	380 元
24	六西格瑪管理手冊	380 元
30	生產績效診斷與評估	380 元
32	如何藉助 IE 提升業績	380 元
35	目視管理案例大全	380 元
38	目視管理操作技巧(增訂二版)	380 元
46	降低生產成本	380 元
47	物流配送績效管理	380 元
49	6S 管理必備手冊	380 元

51	透視流程改善技巧	380 元
55	企業標準化的創建與推動	380 元
56	精細化生產管理	380 元
57	品質管制手法〈增訂二版〉	380 元
58	如何改善生產績效〈增訂二版〉	380 元
63	生產主管操作手冊(增訂四版)	380 元
67	生產訂單管理步驟〈增訂二版〉	380 元
68	打造一流的生產作業廠區	380 元
70	如何控制不良品〈增訂二版〉	380 元
71	全面消除生產浪費	380 元
72	現場工程改善應用手冊	380 元
75	生產計劃的規劃與執行	380 元
77	確保新產品開發成功（增訂四版）	380 元
78	商品管理流程控制(增訂三版)	380 元
79	6S 管理運作技巧	380 元
80	工廠管理標準作業流程〈增訂二版〉	380 元
81	部門績效考核的量化管理（增訂五版）	380 元
82	採購管理實務〈增訂五版〉	380 元
83	品管部經理操作規範〈增訂二版〉	380 元
84	供應商管理手冊	380 元
85	採購管理工作細則〈增訂二版〉	380 元
86	如何管理倉庫（增訂七版）	380 元
87	物料管理控制實務〈增訂二版〉	380 元
88	豐田現場管理技巧	380 元
89	生產現場管理實戰案例〈增訂三版〉	380 元
90	如何推動 5S 管理（增訂五版）	420 元
91	採購談判與議價技巧	420 元

《醫學保健叢書》

1	9 週加強免疫能力	320 元
3	如何克服失眠	320 元
4	美麗肌膚有妙方	320 元
5	減肥瘦身一定成功	360 元
6	輕鬆懷孕手冊	360 元

7	育兒保健手冊	360 元
8	輕鬆坐月子	360 元
11	排毒養生方法	360 元
12	淨化血液　強化血管	360 元
13	排除體內毒素	360 元
14	排除便秘困擾	360 元
15	維生素保健全書	360 元
16	腎臟病患者的治療與保健	360 元
17	肝病患者的治療與保健	360 元
18	糖尿病患者的治療與保健	360 元
19	高血壓患者的治療與保健	360 元
22	給老爸老媽的保健全書	360 元
23	如何降低高血壓	360 元
24	如何治療糖尿病	360 元
25	如何降低膽固醇	360 元
26	人體器官使用說明書	360 元
27	這樣喝水最健康	360 元
28	輕鬆排毒方法	360 元
29	中醫養生手冊	360 元
30	孕婦手冊	360 元
31	育兒手冊	360 元
32	幾千年的中醫養生方法	360 元
34	糖尿病治療全書	360 元
35	活到 120 歲的飲食方法	360 元
36	7 天克服便秘	360 元
37	為長壽做準備	360 元
39	拒絕三高有方法	360 元
40	一定要懷孕	360 元
41	提高免疫力可抵抗癌症	360 元
42	生男生女有技巧〈增訂三版〉	360 元

《培訓叢書》

11	培訓師的現場培訓技巧	360 元
12	培訓師的演講技巧	360 元
14	解決問題能力的培訓技巧	360 元
15	戶外培訓活動實施技巧	360 元
16	提升團隊精神的培訓遊戲	360 元
17	針對部門主管的培訓遊戲	360 元
18	培訓師手冊	360 元
20	銷售部門培訓遊戲	360 元

21	培訓部門經理操作手冊（增訂三版）	360 元
22	企業培訓活動的破冰遊戲	360 元
23	培訓部門流程規範化管理	360 元
24	領導技巧培訓遊戲	360 元
25	企業培訓遊戲大全（增訂三版）	360 元
26	提升服務品質培訓遊戲	360 元
27	執行能力培訓遊戲	360 元
28	企業如何培訓內部講師	360 元

《傳銷叢書》

4	傳銷致富	360 元
5	傳銷培訓課程	360 元
7	快速建立傳銷團隊	360 元
10	頂尖傳銷術	360 元
11	傳銷話術的奧妙	360 元
12	現在輪到你成功	350 元
13	鑽石傳銷商培訓手冊	350 元
14	傳銷皇帝的激勵技巧	360 元
15	傳銷皇帝的溝通技巧	360 元
17	傳銷領袖	360 元
18	傳銷成功技巧（增訂四版）	360 元
19	傳銷分享會運作範例	360 元

《幼兒培育叢書》

1	如何培育傑出子女	360 元
2	培育財富子女	360 元
3	如何激發孩子的學習潛能	360 元
4	鼓勵孩子	360 元
5	別溺愛孩子	360 元
6	孩子考第一名	360 元
7	父母要如何與孩子溝通	360 元
8	父母要如何培養孩子的好習慣	360 元
9	父母要如何激發孩子學習潛能	360 元
10	如何讓孩子變得堅強自信	360 元

《成功叢書》

1	猶太富翁經商智慧	360 元
2	致富鑽石法則	360 元
3	發現財富密碼	360 元

《企業傳記叢書》

1	零售巨人沃爾瑪	360 元
2	大型企業失敗啟示錄	360 元

3	企業併購始祖洛克菲勒	360 元
4	透視戴爾經營技巧	360 元
5	亞馬遜網路書店傳奇	360 元
6	動物智慧的企業競爭啟示	320 元
7	CEO 拯救企業	360 元
8	世界首富　宜家王國	360 元
9	航空巨人波音傳奇	360 元
10	傳媒併購大亨	360 元

《智慧叢書》

1	禪的智慧	360 元
2	生活禪	360 元
3	易經的智慧	360 元
4	禪的管理大智慧	360 元
5	改變命運的人生智慧	360 元
6	如何吸取中庸智慧	360 元
7	如何吸取老子智慧	360 元
8	如何吸取易經智慧	360 元
9	經濟大崩潰	360 元
10	有趣的生活經濟學	360 元
11	低調才是大智慧	360 元

《DIY 叢書》

1	居家節約竅門 DIY	360 元
2	愛護汽車 DIY	360 元
3	現代居家風水 DIY	360 元
4	居家收納整理 DIY	360 元
5	廚房竅門 DIY	360 元
6	家庭裝修 DIY	360 元
7	省油大作戰	360 元

《財務管理叢書》

1	如何編制部門年度預算	360 元
2	財務查帳技巧	360 元
3	財務經理手冊	360 元
4	財務診斷技巧	360 元
5	內部控制實務	360 元
6	財務管理制度化	360 元
8	財務部流程規範化管理	360 元
9	如何推動利潤中心制度	360 元

為方便讀者選購，本公司將一部分上述圖書又加以專門分類如下：

《企業制度叢書》

1	行銷管理制度化	360 元
2	財務管理制度化	360 元
3	人事管理制度化	360 元
4	總務管理制度化	360 元
5	生產管理制度化	360 元
6	企劃管理制度化	360 元

《主管叢書》

1	部門主管手冊（增訂五版）	360 元
2	總經理行動手冊	360 元
4	生產主管操作手冊	380 元
5	店長操作手冊（增訂五版）	360 元
6	財務經理手冊	360 元
7	人事經理操作手冊	360 元
8	行銷總監工作指引	360 元
9	行銷總監實戰案例	360 元

《總經理叢書》

1	總經理如何經營公司(增訂二版)	360 元
2	總經理如何管理公司	360 元
3	總經理如何領導成功團隊	360 元
4	總經理如何熟悉財務控制	360 元
5	總經理如何靈活調動資金	360 元

《人事管理叢書》

1	人事經理操作手冊	360 元
2	員工招聘操作手冊	360 元
3	員工招聘性向測試方法	360 元
4	職位分析與工作設計	360 元
5	總務部門重點工作	360 元
6	如何識別人才	360 元
7	如何處理員工離職問題	360 元
8	人力資源部流程規範化管理（增訂三版）	360 元
9	面試主考官工作實務	360 元
10	主管如何激勵部屬	360 元
11	主管必備的授權技巧	360 元
12	部門主管手冊（增訂五版）	360 元

《理財叢書》

1	巴菲特股票投資忠告	360 元
2	受益一生的投資理財	360 元
3	終身理財計劃	360 元
4	如何投資黃金	360 元
5	巴菲特投資必贏技巧	360 元
6	投資基金賺錢方法	360 元
7	索羅斯的基金投資必贏忠告	360 元
8	巴菲特為何投資比亞迪	360 元

《網路行銷叢書》

1	網路商店創業手冊〈增訂二版〉	360 元
2	網路商店管理手冊	360 元
3	網路行銷技巧	360 元
4	商業網站成功密碼	360 元
5	電子郵件成功技巧	360 元
6	搜索引擎行銷	360 元

《企業計劃叢書》

1	企業經營計劃〈增訂二版〉	360 元
2	各部門年度計劃工作	360 元
3	各部門編制預算工作	360 元
4	經營分析	360 元
5	企業戰略執行手冊	360 元

《經濟叢書》

1	經濟大崩潰	360 元
2	石油戰爭揭秘（即將出版）	

在大陸的……
台灣上班族

　　愈來愈多的台灣上班族，到大陸工作（或出差），對工作的努力與敬業，是台灣上班族的核心競爭力；一個明顯的例子，返台休假期間，台灣上班族都會抽空再買書，設法充實自身專業能力。

　　[憲業企管顧問公司]以專業立場，為企業界提供最專業的各種經營管理類圖書。

　　85%的台灣上班族都曾經有過購買（或閱讀）[憲業企管顧問公司]所出版的各種企管圖書。

　　建議你：工作之餘要多看書，加強競爭力。

建立企業圖書館

當市場競爭激烈時：

培訓員工，強化員工競爭力
是企業最佳對策

「人才」是企業最大的財富。如何提升人才，是企業永續經營、戰勝對手的核心競爭力。積極培訓公司內部員工，是經濟不景氣時期的最佳戰略，而最快速的具體作法，就是「建立企業內部圖書館，鼓勵員工多閱讀、多進修專業書籍」

建議您：請一次購足本公司所出版各種經營管理類圖書，作為貴公司內部員工培訓圖書。 使用率高的（例如「贏在細節管理」），準備 3 本；使用率低的（例如「工廠設備維護手冊」），只買 1 本。

經營顧問叢書 售價：400 元

業績倍增的銷售技巧

西元二○一四年五月　　　　　　　　初版一刷

編輯指導：黃憲仁

編著：邱永元

策劃：麥可國際出版有限公司（新加坡）

編輯：蕭玲

校對：劉飛娟

發行人：黃憲仁

發行所：憲業企管顧問有限公司

電話：(02) 2762-2241　　(03) 9310960　　0930872873

電子郵件聯絡信箱：huang2838@yahoo.com.tw

銀行 ATM 轉帳：合作金庫銀行　　帳號：5034-717-347447

郵政劃撥：18410591　　憲業企管顧問有限公司

江祖平律師顧問：紙品書、數位書著作權與版權均歸本公司所有

登記證：行政業新聞局版台業字第 6380 號

本公司徵求海外版權出版代理商　(0930872873)

本圖書是由憲業企管顧問（集團）公司所出版，以專業立場，為企業界提供最專業的各種經營管理類圖書。

圖書編號 ISBN：978-986-6084-95-9